農・水産資源の有効利用と
ゼロエミッション

坂口守彦・高橋是太郎 編

恒星社厚生閣

は じ め に

　われわれが生息している地球は，まことに広大であるように見えるが，食料資源となるものには年々枯渇が心配されるに至っている．そのうえ，現在環境の悪化が速かに進行しつつあり，これらを重層して考えると，今世紀における人類の食糧供給ひいては生存自体にも濃い暗雲がたちこめていると思わざるをえない．

　そこで，これを機に広大な海洋（他の水圏も含む）から得られる魚介類，海藻をはじめとする既存の水産資源を見なおす作業にとりかかる必要がある．また，資源のうちすでに食料，飼肥料，工業製品などに利用されているものだけでなく，未利用のまま投棄されているものにも着目し，将来における有効利用の可能性を検討する作業は急務であろう．

　水産分野における有効利用に関する取り組みは，すでに以前から様々な形で実践されてはいたが，平成12年度日本水産学会（於福井市）で「水産ゼロエミッションの現状と課題」が，つづいて同13年日本水産学会創立70周年記念サテライトシンポジウムとして京都で「水産物の有効利用法開発に関する国際シンポジウム」が開かれて，今後進むべき道が提示されたように思われる．

　そして，平成22年度日本水産学会（於藤沢市）では，シンポジウム「水産物の有効利用とゼロエミッション」が開催された．本書はこのシンポジウムの記録をとりまとめたものである．ここでは冒頭に示した，きわめて困難な状況下にあっては，あらゆる産業が持続可能な発展を意識した活動をせまられている．そのような意味において，農畜産業や食品産業の状況を垣間見ることは有意義であると考え，本シンポジウムでは「農畜産・食品系産業の廃棄物と有効利用」と題する項目を設けた．このシンポジウムの講演者に加えて，本書では特に「農産系」の部分に執筆者を補充して内容の充実をはかることとした．

　本書を編集する過程で，平成23年3月11日に東日本大震災が発生し，多くの貴重な人命が失われ，同時にかぞえきれない資産の流失，これらに付随した深い失望や絶望などのありさまを目のあたりにした．この震災によって水産界や他の領域が被った被害はきわめて甚大ではあるが，将来への発展を期して，徐々に復興への足どりをたしかなものとしなくてはならない．今後は農畜産・食

品系産業とも緊密に連携しつつ，循環型社会の構築に意を注ぐ必要がある．それはいまやわが国だけではなく，世界的な命題となっているからである．

なお，本シンポジウムでは，「現状と課題」，「農畜産・食品系産業の廃棄物と有効利用」，「水産廃棄物と有効利用」，「厄介ものとその利用」などの他に「ゼロエミッションの実施例」という項目もとりあげた．一般に有効利用とゼロエミッションの区別は明確ではないが，本書では有効利用の流れのなかでもっとも下流に位置し，環境との間で比較的関連性の高い領域や有毒物質の除去などの項目をとりあげて章を構成することとした．

本書が，水産・農畜・食品などの関係者はもとより農芸化学，薬学，環境科学などに関連する諸氏の目にとまり，何かのお役に立てば望外の幸せである．

各執筆者にはご多用の折に稿をすすめていただいた．また，出版に際して，㈱恒星社厚生閣編集部　小浴正博氏には多大のご協力を賜った．ここに記して心より御礼申し上げたい．

平成 23 年 6 月

坂口守彦

編者・執筆者一覧（五十音順）

※は編者

伊東 芳則 いとう よしのり	1946年生，東京水産大学漁船運用学専攻科卒. 現 株式会社Tuna Advanced Functional Food 代表取締役.
内田 基晴 うちだ もとはる	1961年生，京都大学農学部水産学科卒，農学博士（京都大学）. 現 （独）水産総合研究センター瀬戸内海区水産研究所主幹研究員.
梅津 一孝 うめつ かずたか	1958年生，帯広畜産大学大学院畜産学研究科（修士課程）修了，農学博士（北海道大学）. 現 帯広畜産大学畜産衛生学研究部門教授.
岡部 敏弘 おかべ としひろ	1954年生，東京農工大学大学院農学研究科（修士課程）修了，工学博士（東京大学）. 現 地方独立行政法人 青森県産業技術センター工業総合研究所理事兼所長.
小田 有二 おだ ゆうじ	1955年生，大阪府立大学大学院農学研究科（博士課程）修了. 現 帯広畜産大学食品科学研究部門教授.
※坂口 守彦 さかぐち もりひこ	1938年生，京都大学大学院農学研究科（博士課程）中途退学，農学博士（京都大学）. 現 四條畷学園大学教授，京都大学名誉教授.
坂本 寿信 さかもと ひさのぶ	1969年生，北見工業大学工学部土木工学科卒. 現 株式会社佐藤渡辺 技術研究所第一研究室長.
佐田 正蔵 さだ しょうぞう	1955年生，東京農業大学農学部林学科卒. 現 根室市水産経済部水産港湾課長.
信田 臣一 しだ しんいち	1944生，東京水産大学水産学部製造科卒. 現 信田缶詰株式会社相談役.
関 秀司 せき ひでし	1958年生，北海道大学大学院水産学研究科（博士課程）中途退学，水産学博士（北海道大学）. 現 北海道大学大学院水産科学研究院教授.
※高橋 是太郎 たかはし これたろう	1951年生，北海道大学大学院水産学研究科（博士課程）中途退学，水産学博士（北海道大学）. 現 北海道大学大学院水産科学研究院教授.
長野 章 ながの あきら	1946年生，北海道大学大学院工学研究科1年修了，工学博士（北海道大学）. 現 全日本漁港建設協会会長，公立はこだて未来大学名誉教授.

中村　　宏　1954 年生，京都大学大学院理学研究科（博士課程）修了，理
なかむら　ひろし　　学博士（京都大学）．
　　　　　　　　　現 東京海洋大学産学・地域連携推進機構，大学院海洋科学技
　　　　　　　　　術研究科准教授．

難 波 秀 博　1963 年生，東京水産大学水産学研究科卒．
なんば ひでひろ　現 信田缶詰株式会社品質管理部部長．

野 村 　 明　1954 年生．高知大学大学院農学研究科（修士課程）修了，農
のむら あきら　　学博士（愛媛大学）．
　　　　　　　　　現 土佐食株式会社代表取締役社長．

福 士 暁 彦　1960 年生，北海道大学水産学部水産化学科卒．
ふくし あきひこ　現 地方独立行政法人　北海道立総合研究機構釧路水産試験場
　　　　　　　　　主査．

森 岡 克 司　1962 年生．京都大学大学院農学研究科（博士課程）単位取得
もりおか かつじ　退学，農学博士（京都大学）．
　　　　　　　　　現 高知大学自然科学系農学部門教授．

薬師堂謙一　1956 年生，北海道大学農学部農業工学科卒．
やくしどう けんいち　現 (独)農研機構中央農業総合研究センター作業技術研究領域
　　　　　　　　　上席研究員．

藪 下 義 文　1949 年生，京都大学大学院地球環境学舎（博士課程）修了，
やぶした よしふみ　地球環境学博士（京都大学）．
　　　　　　　　　現 シダックス株式会社経営企画本部担当部長．

横 山 芳 博　1962 年生，京都大学大学院農学研究科（修士課程）修了，農
よこやま よしひろ　学博士（京都大学）．
　　　　　　　　　現 福井県立大学海洋生物資源学部教授．

農・水産資源の有効利用とゼロエミッション
目　次

はじめに ……………………………………………………（坂口守彦）…… iii

I部　序論

1章　現状と課題　—水産副生産物の完全有効利用化への道
……………………………………………………………（高橋是太郎）…… 3

§1. 実用化もしくは実用化が期待されている廃棄物処理技術の概要 …… 4
　1-1 変換技術（4）　1-2 破砕技術（5）　1-3 硬化技術（5）

§2. 水産廃棄物の状況 …………………………………………………… 6
　2-1 貝殻の処理（7）　2-2 イカの内臓（イカゴロ）（10）
　2-3 ホタテガイの内臓（ゴロ）（11）　2-4 付着物（12）
　2-5 サケの皮（12）　2-6 しらこ（12）　2-7 卵巣（13）　2-8 魚腸骨（13）　2-9 クラゲ（13）　2-10 ヒトデ（14）　2-11 ガニアシ，雑海藻（14）　2-12 雑魚，投棄魚（14）　2-13 微細藻類（15）　2-14 資材系廃棄物（15）

§3. 水産加工場の廃棄物と処理法 ……………………………………… 15
　3-1 魚類の加工工場（16）　3-2 貝の加工工場（16）
　3-3 イカ・タコの珍味加工工業（16）

§4. 高度利用の方向 ……………………………………………………… 17
　4-1 貝殻（17）　4-2 ウロ（広義）（17）　4-3 ゴロ（17）
　4-4 微細藻類（17）

II部　農畜産・食品系産業の廃棄物と有効利用

2章　農産系　—農作物残渣の有効利用 ………（薬師堂謙一）…… 23
§1. 農産系残渣のカスケード利用（多段階利用） ………………… 23

§2. 農産系残渣の種類と収集・調整法 ……………………………24
§3. 医薬品，化粧品，機能性食品原料として利用 ………………26
§4. 飼料利用 ……………………………………………………………27
§5. マテリアル利用 ……………………………………………………28
§6. 肥料利用 ……………………………………………………………28
　　6-1　堆肥化処理（28）　6-2　メタン発酵処理（31）
§7. エネルギー利用 ……………………………………………………32
　　7-1　燃焼処理（32）　7-2　炭化処理（33）　7-3　ガス化発電・
　　メタノール合成（34）　7-4　エタノール発酵（34）

3章　畜産系（1）—家畜糞尿のエネルギー化 ‥（梅津一孝）‥‥37

§1. 家畜糞尿と環境問題 ………………………………………………37
§2. 諸外国の畜産環境対策法 …………………………………………38
§3. わが国の家畜非排泄物適正化法 …………………………………39
§4. 生産システムの見直しと自然エネルギー利用 …………………40
§5. バイオガスシステムの現状と課題 ………………………………41
　　5-1　バイオガスプラントによるエネルギーと液肥の生産（41）
　　5-2　利用技術の現状と問題点（42）　5-3　バイオガスプラント
　　を核とした水産・酪農資源循環システム（47）

4章　畜産系（2）—テンサイシックジュース・チーズ
　　　　ホエー混合原料からのバイオエタノール生産
　　　　　　　　　　　　　　　　　　　　　　‥‥‥（小田有二）‥‥51

§1. チーズホエーとその利用 …………………………………………52
§2. チーズホエーからのエタノール生産とその問題点 ……………53
§3. 酵母 *Kluyveromyces marxianus* について ………………………55
§4. カタボライトリプレッション非感受性株の分離およびその性質…55
　　4-1　親株の選抜（55）　4-2　変異株の分離（56）　4-3　酵素活性
　　の発現（57）　4-4　近縁酵母におけるカタボライトリプレッショ
　　ンの発現（59）　4-5　2-DOG 耐性とカタボライトリプレッショ

ン非感受性（60）
　§5. 実用化に向けたエタノール発酵試験 ……………………………60

5章　食品系　—食循環の視点から見た有効利用の現状と課題
　　　………………………………………………（薮下義文）…65
　§1. フードチェーンからの上流への遡及 ……………………………66
　§2. 調理スタイルの変化に伴う魚介類廃棄物のバランス …………66
　§3. リサイクルチェーンの現状と問題点 ……………………………69
　　　3-1　法的な枠組（69）　3-2　わが国でリサイクルが進まない理
　　　由（70）
　§4. 給食産業でのリサイクルへの取り組み …………………………71
　　　4-1　食品廃棄物の発生状況（71）　4-2　食品廃棄物のリサイク
　　　ル（72）
　§5. 未利用の魚類と貝殻の利用 ………………………………………74
　§6. 消費者が水産資源の世界を変える ………………………………75
　§7. 水産資源のゼロエミッションへの課題 …………………………76

Ⅲ部　水産廃棄物と有効利用

6章　雑魚・混獲魚　—低利用魚類のすり身原料としての有効利用
　　　……………………………………（森岡克司・野村　明）…81
　§1. 雑　魚 ………………………………………………………………82
　　　1-1　土佐湾産雑魚の無晒肉および晒肉ゲル形成特性（82）
　　　1-2　二段加熱の効果（84）　1-3　魚肉の混合による有効利用技
　　　術の開発（85）　1-4　水晒し廃液に含まれるプロテアーゼ阻害因
　　　子の利用可能性（86）
　§2. 混獲魚 ………………………………………………………………87
　　　2-1　ワックスの除去方法（87）　2-2　低ワックスすり身のゲル
　　　形成能（89）　2-3　カルシウム添加によるゲル物性の改善（92）
　　　2-4　今後の展望（93）

§3. おわりに ………………………………………………… 94

7章　魚腸骨　—ここまで進んだ利用技術　　(伊東芳則)…97
　§1. 水産廃棄物（魚腸骨）利用の現状 ……………………97
　　　1-1　サケ（97）　1-2　カツオ（98）　1-3　サメ（98）　1-4　エビ，カニ（98）　1-5　イカ（98）　1-6　貝類（99）　1-7　魚鱗（99）　1-8　魚類の加工残滓（100）
　§2. マグロに含まれる成分の利用 …………………………100
　　　2-1　魚油（100）　2-2　心臓から抽出されるエラスチン加水分解物（103）　2-3　その他の成分（103）

8章　藻　類　—養殖コンブ廃棄物を事例として　(長野　章)…105
　§1.「藻類」廃棄物の現状（函館市を中心にして）…………105
　§2. 有効利用の現状と課題……………………………………106
　　　2-1　堆肥化による利用（106）
　§3. エネルギーの抽出による有効利用………………………107
　　　3-1　有効利用に向けてのシステム構築（107）　3-2　コンブ残渣発生とエネルギー抽出（109）
　§4. バイオマスネットワーク構築可能性の検討……………113
　　　4-1　バイオマス情報の共有（113）　4-2　継続的な技術開発・改良（113）
　§5. バイオマス利活用技術の評価と課題……………………114
　　　5-1　コンブ残滓などのメタン発酵技術（114）　5-2「はこだてバイオマスネットワーク」の構築（116）
　§6. 藻類のバイオマス利活用の課題…………………………117

9章　貝　殻　—主にホタテ貝殻の利用例について
　　　………………………………………………(岡部敏弘・坂本寿信)…119
　§1. ホタテ貝殻の成分など……………………………………120
　§2. プラスチック製品への応用………………………………122
　　　2-1　ホタテ貝殻パウダーとPP樹脂（123）　2-2　配合の検討（強

度強化樹脂の検討）(124)　2-3　プラスチック製品について(125)
2-4　抗菌性(126)　2-5　今後の課題など(127)

§3. セメントコンクリートへの利用（港湾構造物）………………127
3-1　シェルサンドとその製造(128)　3-2　シェルサンドの密度,
吸水率, 粒度(129)　3-3　フレッシュなシェルコンクリートと
硬化したものの性質の違い(130)　3-4　使用例(130)　3-5　関
係法規および実用化について(131)

§4. アスファルトコンクリートへの利用（道路舗装材）…………131
4-1　ホタテ貝殻のアスコンへの添加方法(131)
4-2　試験施工(132)　4-3　普及に向けた取り組み(134)

§5. その他の事例 ………………………………………………………135

Ⅳ部　厄介ものとその利用

10章　クラゲ類 ──特定成分と有効利用……………(横山芳博)…141

§1. クラゲの個体全体を利用する ……………………………………141
1-1　食用(142)　1-2　餌料(143)　1-3　肥料(143)　1-4　土
壌改良材(144)

§2. クラゲの特定成分を利用する ……………………………………145
2-1　緑色蛍光タンパク質(145)　2-2　刺胞毒(146)
2-3　ムチン(147)　2-4　多価不飽和脂肪酸(149)　2-5　コラー
ゲン(150)　2-6　レクチン(151)　2-7　その他(152)

§3. おわりに ……………………………………………………………153

11章　ヒトデ ──産出の実態および処理と利用の取り組み
……………………………(福士暁彦・佐田正蔵・高橋是太郎)…157

§1. 大量排出の実態 ……………………………………………………158
1-1　根室湾沖合ホタテ漁場開発造成事業の歴史(158)　1-2
リサイクル促進施設の操業中止(158)　1-3　ヒトデに対する根室
管内住民の認識(159)　1-4　地産地消の試み(159)

§2. 有用化促進の試み ……………………………………159
　　2-1 肥料・堆肥化（159）　2-2 高次機能性物質（162）
　　2-3 その他の利用（162）

12章　藻類 ―特にアオサの利用を中心として ……(内田基晴)…165
　§1. アオサ類の利用について ……………………………167
　　1-1 アオサの大量発生の現状（167）　1-2 アオサの分類学的知見（169）　1-3 アオサの賦存量（169）　1-4 アオサの化学成分（170）　1-5 肥料としての利用（171）　1-6 水産飼料としての利用（172）　1-7 畜産飼料としての利用（175）　1-8 食品としての利用（176）　1-9 エネルギーとしての利用（177）
　§2. 淡水植物（ホテイアオイなど）の利用について …………179
　§3. 赤潮藻類の利用について ……………………………180

V部　ゼロエミッションの実施例

13章　軟体類の処理 ―ホタテウロおよびイカゴロの脱カドミウムと飼料化 ……………………(関　秀司)…185
　§1. ホタテウロとイカゴロのカドミウム吸・脱着平衡 ………186
　§2. 競争吸着法の原理 ……………………………………188
　§3. 競争吸着法の律速過程 ………………………………190
　§4. 処理時間の短縮 ………………………………………192
　§5. カドミウム除去効率の推算 …………………………193
　§6. 競争吸着法によるカドミウム除去の実施例 …………195

14章　封蔵食品の製造と処理 ―青魚缶詰工場の事例
　……………………………………(難波秀博・信田臣一)…199
　§1. 資源の有効利用 ………………………………………200
　　1-1 コラゲタイト（食用魚鱗粉）の開発（200）
　§2. 環境保全活動 …………………………………………205

2-1 銚子青魚加工協同組合（205） 2-2 青魚缶詰工場の活動事例（209）

15章　排水処理―主として活性汚泥法を概観する
……………………………………………………………(中村　宏)…213
§1. 排水処理技術の現状……………………………………………213
§2. 余剰汚泥の現状と減容化……………………………………215
2-1 余剰汚泥発生量と利用の現状（215） 2-2 汚泥発生量の抑制（216）
§3. 余剰汚泥の有効活用……………………………………………218
§4. 処理水の再利用…………………………………………………220
§5. まとめ……………………………………………………………224

おわりに……………………………………………(高橋是太郎)…227

I 部

序 論

現状と課題
―水産副生産物の完全有効利用化への道

高橋是太郎

　巨大な閉鎖系である地球．巨大ではあっても閉鎖系である以上，健全な物質循環を維持しなければ，やがて廃棄物は蓄積し，破綻をきたす．2000年5月に「循環型社会形成推進基本法」，2008年には第2次「循環型社会形成推進基本計画」が閣議決定され，関係法令が制定，改正されるなどの法的整備を経て，現在あらゆる産業が「持続可能な発展（Sustainable Development）」を意識した活動を迫られている．水産基本法に基づき策定された水産基本計画においても，水産業の健全な発展に資するため，水産加工，流通，漁業者が相互に連携して，加工残滓の効率的回収，可及的リサイクル，有効利用，環境への負荷軽減にかかわる施策を推進することとされている．

　「水産廃棄物」とは，水産加工残滓（産業廃棄物）にとどまらず，漁業活動に伴って生じる「漁業系廃棄物」を加えた範囲をいう．漁業系廃棄物には漁労の際に損傷した水産物，駆除されたヒトデ，雑海藻などの「生物系廃棄物」の他に，魚網，魚箱，老朽化漁船などの「資材系廃棄物」がある．年によって幅はあるが，現状では水産系廃棄物のうち20～30%がそのまま埋め立てもしくは焼却後埋め立てに付されている．2007年前後におけるわが国の総廃棄物量4億7千万tに占める水産廃棄物の量は0.7%程度（水産加工，流通，小売，外食産業および家庭ゴミなどとして排出した総量）と少ないが，生物系の水産廃棄物は直ぐに腐敗し，保管が困難であることから，その処理と有効利用はとくに漁港漁村や周辺地域において重要な課題になっている．

§1. 実用化もしくは実用化が期待されている廃棄物処理技術の概要

1-1 変換技術

廃棄物の変換技術としては，ホタテガイ貝殻の利用にみられるように，再生資源を"モノ"として利用するマテリアル利用と，エネルギー利用するものに大別される[*1]．マテリアル利用のための変換技術は後述のように，未だ課題は多いものの，フィッシュミールに代表されるようなすでに確立している技術や，漁（魚）礁や藻場礁のように実用化されつつあるものもある．一方，エネルギーに変換する技術は，熱化学的に変換する技術と，生物学的に変換する技術に分類することができる．水産系廃棄物の場合は，含水率が非常に高いので，一般に生物学的変換技術の方が適している．すなわち，水が多い状態は微生物の活動に適しており，かつ水の蒸発に必要な大きなエネルギーを発酵熱によって節約できる．

生物系水産廃棄物の主要構成元素は炭素，水素，酸素であり，その組成は$C_6H_{12}O_6$で代表される．現在の有用物化変換技術は次のように分類される[*1]．

① **堆肥化**：$C_6H_{12}O_6 + 6O_2 \rightarrow 6CO_2 + 6H_2O$

後述のメタン発酵が嫌気性微生物を利用してバイオマスである生物系水産廃棄物を分解するのに対し，好気性微生物を利用して水産廃棄物を分解し，作物の生育にとって有用で，農作業者にとっても取り扱い易く，衛生上安全なものにする技術．

② **メタン発酵**：$C_6H_{12}O_6 \rightarrow 3CH_4 + 3CO_2$

堆肥化が好気性微生物を利用してバイオマスである生物系水産廃棄物を分解するのに対し，メタン発酵は嫌気性微生物を利用して水産廃棄物を分解し，メタンガスを回収する技術．

③ **炭化**：$C_6H_{12}O_6 \rightarrow 6C + 6H_2O$

酸素の供給を遮断した状態で生物系水産廃棄物を加熱し，熱分解（乾留）して，炭を作る技術．

④ **飼料化**：生物系水産廃棄物を乾燥，液状化し，飼料を作る技術．

⑤ **水熱処理**：高温高圧の水蒸気注入により，液肥として回収する技術．

おが屑や樹皮のごとき林産廃棄物にイカゴロやウロのごときカドミウムを含

[*1]：http://seneca21st.eco.coocan.jp/working/yuyama/09_07.html

有した水産廃棄物を加えて蒸煮することにより，カドミウムが林産廃棄物側に吸着して，カドミウムをほとんど含まない液肥が得られる．

⑥**直接燃焼**：水産系油脂をそのままボイラーなどで燃焼すること．

⑦**亜臨界水熱処理**：高圧により亜臨界状態にした水が強い加水分解力を有することを利用し，水産廃棄物をアミノ酸などの低分子に変換する．

⑧**電気透析**：水産加工工程で副生する煮汁を脱塩することによって，旨みエキスにする．

水産系廃棄物以外のバイオマスでは，これらの他にエタノール発酵，ガス化，固形燃料化，バイオディーゼル燃料化がある．バイオディーゼル燃料化は魚油でも試みられたことがあるが，出力は高いものの，排気ガスの魚臭やコスト面で現実的でないなどの問題で，開発が停止している．

1-2 破砕技術

以下の目的のために圧縮，せん断，衝撃，引き裂き，摩擦などの処理によって，貝殻，漁具，魚箱，漁船などの破砕を行っている（佐藤・福田, 2003）．

①**容積低減**：輸送体積の削減，埋立地の延命化．厚生労働省の指針では，破砕後の最大寸法を 15cm 以下としている．

②**後段の処理の前処理**：漁船，漁具，魚箱などを効率よく燃焼できるように 40cm（厚生労働省の指針）以下に破砕する．流動床焼却炉の場合はゴミ質の平均化や水分の均一化が目的となる．

③**再生利用**：貝殻の場合，数 cm で魚礁の材料，数 mm 以下で飼料，さらに細かくして土壌改良剤，その他に利用される．

1-3 硬化技術

硬化技術の応用によって，水産廃棄物成分の徐放性をもった魚礁化技術が開発され（特開 2002-233266），実証化が進められつつある．水産廃棄物にセメントと酸化カルシウム，硬化剤およびゼオライトを混合して硬化させ，ある程度の強度をもたせると，カドミウムの溶出が抑えられ，同時に硬化体表面上からは緩やかに栄養素が放出される．そのため，海中のプランクトンや海藻に栄養素を徐々に供給することができ，硬化体中の有機物は急激に分解を起さないため，水質の悪化を起こすことがない．

一方，筐体を強化する目的でホタテガイ貝殻を添加して硬化させる技術が広く展開されている．ホタテガイの貝殻は，細かく砕いていくと，アスペクト比（短軸に対する長軸の比）が次第に大きくなる特性があり，プラスチック，チョークに添加することにより，強度が増す．また，白色度も改善される場合が多い．コンクリートへの添加では，アスペクト比が高いことが混練時に大きなトルクを要する点，および砂に対して20%近く割高になる点が課題となっている．最近，ホタテガイの貝殻を濃硝酸で処理すると，球状の破砕粒子になることが函館高等専門学校によって明らかにされ[*2]，混練時の負荷が大きく改善した．これによって，混練時の水分を減らすことが可能となり，密度の高い高品質なコンクリート製造への利用方途が開けつつある．しかし，製造コストの軽減，性能を保証する試験の蓄積など実用化への途についたばかりである．

§2. 水産廃棄物の状況

一般に，水産物の可食部が占める割合は低く，ホタテガイでは可食部の貝柱が全体重に占める割合は15〜25%に過ぎない．魚の可食部の割合は歩留まりのよい種で6割，歩留まりの悪い魚では3〜4割程度ということもある．よって，ホタテガイの場合は残りの75〜85%，魚の場合は40〜70%が残滓として排出される．水産廃棄物総量の農林水産統計そのものとしての資料はないが，水産庁漁政部加工流通課が，2007年の農林水産省「食料需給表」を基に魚介類消費仕向量－食用利用可能量から独自に算出しており，年間318万 t（2007年）と推計している．そのうちの30%にあたる88万 t はミール（20万 t），魚油（6万 t）の原料として利用されているが，残りの230万 t の利用が課題になっている．このうち流通，小売，外食産業の残滓および家庭ゴミなどを除いた80万 t 前後が水産加工時に排出される量と推定される．わが国最大の水産加工廃棄物排出地域である北海道はこのうちの半分を占めており，道による調査集計によると，2009年度の種類別発生量は次のようになっている．ホタテガイウロ：33,140 t，イカゴロ：9,299 t，ホタテガイ貝殻：175,621 t，付着物：79,768 t，魚類残渣：80,221 t，漁網：1,412 t であり，北海道における水産加工廃棄物総量は400,287 t に及ぶ．ここで，ホタテガイウロとは，貝柱と貝殻を除く残りの

---

*2：http://www.hakodate-ct.ac.jp/~techno/pdf/h20_11.pdf

全ての組織のことをいうが，狭義にはホタテガイの中腸腺を指すことも多い．イカゴロとはイカの内臓のことをいうが，肝臓のみを指す場合もある．この他にヒトデが駆除のために 15,177 t 水揚げされている．

2-1 貝殻の処理

水産廃棄物中最も排出量が多い貝殻は，後述のように各地域で漁場・藻場，土壌改良剤や泥濘化防止剤への応用を筆頭に，リサイクル率は50％以上に達している．特に青森県や北海道では，多様な利用方途開発が活発で，除菌・消臭剤，防カビ剤，食品添加物，壁材，塗料，歯磨き，箸などは既に製品化されている．また，使い捨て型鉛直水温計の筐体への利用が商品化目前になっている（毛内ら，2007, 2008）．しかしその一方で，発生する量の集中化に対応しきれず，処理しきれない分は埋め立てまたは焼却後に埋め立てに回されているのもまた現実である．北海道南部の内浦湾周辺のように，貝殻への付着物が多い地域では，付着物が貝殻の利用方途を大きく制約したり，付着物除去に大きなコストがかかったり，付着物除去のための風化処理用地確保が困難になってくるなどの問題がある．因みに風化には1年を要するといわれる．これに対し，付着物が少ない青森県では既に実用段階，もしくはそれに近いものも少なくない．北海道の場合は面積が広大であり，貝殻利用の事業化が進んでいる地域と，付着物の多さが障害となって，事業化が進まない地域とが共存している．一方，カキ殻の方は人工漁礁部材を中心に本格利用されつつあり，岡山県の企業はそのノウハウを活かした各種の貝殻漁礁（図1-1）を開発し，茨城県，三重県，広島県，島根県，長崎県，鹿児島県に展開している．2009年来，国はJF全漁連と共同で，藻場や干潟などの環境・生態系保全活動を支援する制度を具現化してきている．この貝殻漁礁は，貝殻の隙間に魚介類の餌を増やし，産卵場になるとともに小型魚には隠れ場を提供する．その小型魚を目当てに中型魚も集まり，環境保全と水産資源の回復を同時に実現できる点で，今後最も有望な貝殻の利用方途の一つと考えられている．漁礁の製造に当たっては，漁閑期の漁業者が漁礁の貝殻パイプ（側面が格子状）に貝殻を詰める作業をするなど貝殻人工漁礁の作成に携われる点でも期待されている．同県では単にカキ殻を砕かずに海底に 10 cm 程度撒いただけでも，アマモが貝殻に根を絡ませて草体を支持させることを確認し，魚介類の産卵場の創成に極めて有効であることを実証している．アマモ

図 1-1　貝殻をネットに詰めた藻場礁，増殖礁

に限らず産卵場や稚魚の"揺りかご"になる海藻は多い．このような漁場改良材へのカキ殻の利用に加え，各地で水質浄化材への利用も進みつつある．カキ殻の港湾土木への利用も早い時期より開発されている．とくに最近は大手石油会社が原油のイオウ分を除去することによって副生したイオウを貝殻と併用したコンクリートを開発し，耐久性に優れた製品開発を進めている．先の北海道でも表1-1に示した他，コンブ礁としての貝殻の利用が展開されている．

　以上のように，貝殻利用への動きは活発ではあるが，法の適用面で不明瞭な部分があることは否めない．漁業者が貝殻をこのような形態で利用する場合，漁業者自身が排出した貝殻を漁業者自身の手で漁礁用に適切に処理し，自分で利用すれば「廃棄物の処理及び清掃に関する法律（廃掃法：1970年制定，2008年最終改正）」の適用を受けないとされているが，実際には廃棄物投棄との区別が難しい場合も少なくない．一旦リサイクル材として処理されたものを有価で漁業者あるいは建設業者が事業として漁場に散布する場合は廃掃法の適用を受け，リサイクル材としての取り扱いを受けるためには水産庁が示しているガイドライン，すなわち有効性，安全性，市場性，安定性の4項目を満たしていることを証明する必要がある．一方，公的事業として漁場造成や藻場の造成に貝殻や他の水産副次産物を用いる場合は，費用対効果表の提出が求められる．よって，

表 1-1 貝殻リサイクル事業の実績*

	地域	適用資材	適用事例	処理方法	備考
ホタテガイ貝殻	北海道	凍結抑制剤 土質改良材 土壌改良材 増養殖基質	石灰の代替品 泥濘化防止 カキ養殖基質	乾燥→粉砕 加熱→粉砕 乾燥→粉砕 乾燥→粉砕	実用試験 民間業者 実用試験 養殖業
	青森県	カルシウム 埋立材 タイル骨材 道路工事資材	食品添加物 砂の代替 道路舗装 道路舗装骨材	粉砕→乾燥 粗粉砕 粉砕→接着剤固定 乾燥→粉砕	自治体の開発 漁港事業 漁港環境事業 道路事業
カキ貝殻	宮城県	地盤改良材 水質浄化材 漁場改良材	軟弱地盤の改善 水質浄化ろ過材 増殖場造成	粗粉砕→砂混合 乾燥 乾燥→粉砕	港湾事業 漁業集落排水事業 自治体の開発
	三重県	土壌改良材	農業肥料	乾燥→粉砕→袋詰め	公社事業
	岡山県	増殖基質	人口漁礁部材	乾燥→パイプ充填	漁場整備

*長野　章氏作成

廃棄物の広域的処理の特例など各種の特例や認定制度，構造改革特区の活用を図っていかなければならない．ここで課題となっていることは，誰が貝殻リサイクル材の水産への有用性について判断をするかという点である．貝殻を用いた漁場の供用にあたっては，管理者を明確にし，管理者は有用性・安全性に対するモニタリングが義務付けられる．以上のことから，当然のことながら廃棄物として排出し，清掃など漁礁材としての処理をほどこさないでそのまま海に投棄した場合は廃掃法のみならず，環境法令である海洋汚染防止法（Law Relating to the Prevention of Marine Pollution and Maritime Disaster［同義］海洋汚染及び海上災害の防止に関する法律など）にも触れる．佐藤と福田（2003）は，水産系廃棄物有効利用の現状について下記の4点が課題であるとし，その有効利用を推進する場合における法規制について表1-2のようにまとめている．

① 試験研究段階にあるものが少なくなく，有効性の実証が不十分
② 代替対象との経済性の比較評価が不十分
③ 環境影響の把握，長期的な安定性について試験が未だ不十分
④ 有効利用を普及するため，資材としての品質や使用法の基準および規格の整備が必要

以上の課題は，貝殻に限らず他の廃棄物にも共通していえることである．

表1-2 規制下での廃棄物の利用形態

利用形態	取引条件	廃棄物処理法		他の法令
有価物としての利用	有価での取引	基本的には適用範囲外		いずれの場合も他の環境法令（例：海洋汚染等及び海上災害の防止に関する法律，水質汚濁防止法，水産資源保護法等）は適用される．利用の適切性・有効性や安全性について厳しく追及される．
廃棄物の再生利用	無償での提供	適用	・大臣の認定*や指定*もしくは一般廃棄物は市長村長の指定**，産業廃棄物は都道府県知事の指定**が必要 ・国等***による再生利用の場合は法令に基づく許可や認定・指定等の手続きは不要 ・認定・指定による再生利用者は処理業（収集運搬や処分）の許可は不要 ・認定再生利用の場合は産業廃棄物処理施設の設置許可も不要 ・再生利用の申請は，処理業者等の申請よりも申請費用が安価	
廃棄物の処理（処分）	逆有償（処理費支払）または無償での取引	適用	・排出者自身以外の者が行う場合は収集運搬業や処分業の許可が必要 ・国等***が直接行う行為は業の許可は不要（運搬等を委託する場合は，受託業者は許可業者でなくてはならない） ・廃棄物処理施設に該当する場合は，施設設置の許可が必要	

この表は北海道開発土木研究所の作成による．産業廃棄物を基本に記述しているが，一般廃棄物か産業廃棄物かによって，基準や制度が異なる場合がある．また，特例もあるので，自治体等に確認を要する．
*再生利用認定制度，広域再生利用指定制度
**市町村長や都道府県知事による再生利用指定
***国・都道府県・市町村を意味するが，都道府県が一般廃棄物の再生や処理を行う場合は許可が必要

2-2 イカの内臓（イカゴロ）

　イカゴロにも同様の法律が当てはまる．すなわち，イカゴロより延縄漁用の餌を製品として製作し，延縄漁に用いた場合は，たとえ大半の延縄漁用の餌が水中で崩壊してなくなっても，それは廃掃法や海洋汚染防止法には触れないが，魚に対して同様の誘引効果があるという理由でイカゴロの凍結ブロックを海に沈めたような場合は，廃掃法および海洋汚染防止法に触れる．イカゴロはタンパク質，脂質，タウリンに富み，非常に優れた餌料や肥料になる．しかしその利用にあたっては，生物濃縮によってもたらされたカドミウムを除去する必要があり，餌料・飼料で2.5 ppm以下，肥料で5 ppm以下にまで低減しなければならない．

カドミウム除去技術としては，酸浸出／電解法および競争吸着法が確立している．前者は脱脂後，イカゴロ中でタンパク質と結合しているカドミウムを硫酸浸漬することにより解離させ，硫酸水溶液中にカドミウムを溶出させることによって，それを陰極板上に還元析出させる除去法である．後者は吸着サイトが非常に多いキレート樹脂が存在すると，カドミウムは有機物に戻らずキレート樹脂に移動することを応用した除去法である．この場合，キレート樹脂は有機物の近くに存在する必要があるが，競争吸着法では撹拌することにより，液相のカドミウム濃度を常に低く保ち有機物からのカドミウム解離を促進することができる（13章参照）．前者では養魚用のミールへの利用が目指されており，後者ではカドミウムフリーのイカの塩辛が既に製品になっている．

2-3　ホタテガイの内臓（ウロ）

酸浸出／電解法はイカゴロよりも先に，ホタテガイの狭義のウロすなわち中腸腺からのカドミウム除去技術として実用化された．ホタテガイの一大産地である北海道南部では，この処理方法が中心になっている．カドミウムを除去したウロはすでに養魚用のミールとして利用されているが，強酸処理によってカドミウムを溶出させる工程を経ていることから，通常のミールよりも品質面で劣り，増量用のミールとしての利用価値にとどまっている．しかし，埋め立てが限界にきている現状にあっては，コストはかかるものの中腸腺の処理法として重要な役割を担っている．全体の処理コストの中には，ウロをあらかじめゆでてから処理場に納める費用もある．他のホタテガイの産地では，焼却後に管理型処分場への埋め立てや，一部炭化処理も行われているが，熱を加えると，施設に固着し易いというメンテナンス上の問題がある．

ホタテガイの中腸腺はエイコサペンタエン酸（EPA）およびドコサヘキサエン酸（DHA）が結合したリン脂質に富み，その利用（Okadaら，2011）が期待されはじめている．

一方，広義のウロには中腸腺の他に，外套膜，生殖巣，消化管などが含まれ，それぞれコラーゲン，DHAおよびEPAが結合したリン脂質，セルラーゼやアルギン酸リアーゼなど有用な酵素の給源としての利用が検討されている[*3]（Kumagai et al., 2008）．

[*3]: http://www.mcip.hokudai.ac.jp/1211/post_101.html

2-4 付着物

イガイ類のような固いものから，海藻やイガイ類の中身など，生で軟らかい物が混じり，組成変動および排出量の変動が大きい上，腐敗し易いといった問題があり，廃棄量は魚腸骨に迫る．時に原貝の体重を超えることもある．付着物の多い地域では，先にも述べたように，貝殻利用の極めて大きな妨げになっている．

2-5 サケの皮

サケの皮から得られたコラーゲンはコラーゲン補給食品として利用されているのみならず，高度に品質を高めたものは，ライフサイエンス研究における細胞培養マトリクス（細胞の足場）として製品化されている．しかし，その需要は小規模にとどまっているのが現状である．サケ皮コラーゲンは，創傷被覆材としての研究も進められている．創傷被覆材とは大やけどを負った際に自分自身の皮膚が再生するまで傷口を保護する人口皮膚の一種をいう．最近，創傷被覆材作成時にサケのしらこからとったDNAを併用することにより，自身の皮膚の再生がより順調に進み，創傷被覆材としての性能が一層高まることが認められた．

2-6 しらこ

サケのしらこからはプロタミンが防腐剤，DNAが健康食品として製品化されている．発ガン性物質がDNAの二重螺旋に刺さりこむ"インターカレーション"という現象を応用し，DNAをフィルターに固定化して環境水を通過させ，発ガン性物質をフィルター上に捕捉して定量する方法が開発されている．DNAを固定化したフィルターは，発ガン性物質を含む排気ガスや空気清浄機のフィルターとしても一部製品化されている．一方，サケのしらこのDNAをアルギン酸フィルムに含浸させると，銀イオンのアルギン酸フィルムへの含浸量が上がり，抗菌力が大きく向上する．よって，食品関連産業のみならず，医療用のシートへの応用が期待されている．DNAの応用範囲は広く，可及的に長いままでサケのしらこのDNAを精製することによって，論理回路，機能性ナノワイヤーをつくる試みもなされている．しらこのプロタミンには塩基性アミノ酸のアルギニンが60％も含まれており，アルギニンのよい供給源にもなる．このようにしらこ

の利用には大きな可能性があるが，現状では発生するしらこの一部しか利用されていない．その理由は，集荷や鮮度管理の問題に加え，時期による入荷変動の大きさなどで採算が合わない場合が多いからである．一般に，しらこに限らずこれらの点は水産廃棄物の有価物化において共通した課題になっている．

2-7 卵巣

サケ，マス，タラ，ニシン，シシャモなどでは卵巣は大きな商品価値をもつ．しかし，一定の基準を満たしていない卵巣や断片化したもの，もともと商品価値のないその他の魚卵やホタテガイの卵巣は廃棄物になっている．一般に水産動物の卵巣にはDHAに代表される高度不飽和脂肪酸が結合したリン脂質が豊富であり，その有望な供給源と考えられている．高度不飽和脂肪酸が結合したリン脂質には，高度不飽和脂肪酸そのものの有用機能に加えて，リン脂質形態ならではの有用機能促進性や脳卒中予防などの新規有用機能もあり，今後の利用が期待されている．

2-8 魚腸骨

魚の処理残滓である内臓，頭，骨，皮は魚腸骨と呼ばれ，ミールに加工されて，有効に利用されている．しかし，魚肉部分も入れないとタンパク質が不足してミールとしての価値が大きく低下するため，雑魚をまるごと加えてタンパク質を補っている．魚の処理残滓には皮，ウロコ，骨，頭の軟骨などが含まれており，それらを単体で得ることにより，コラーゲンを得ることが可能となる．事実一部は製品化されており，サケの頭部軟骨からはコラーゲンとコンドロイチン硫酸を含む健康食品，ウロコからはコラーゲンおよびハイドロキシアパタイトを含む栄養強化剤や競走馬などへの脚強化用補助食品が事業化されている．しかし，一般に水産コラーゲンはゼラチンとしての利用面においては畜産由来のコラーゲンより優れている点が少なく，また精製コストが割高になるなど，本格的な需要には結びついていないのが現状である．

2-9 クラゲ

クラゲのうち，特にエチゼンクラゲはしばしば日本各地で大発生を繰り返しており，巨大な群が底曳き網や定置網に充満して深刻な漁業被害をもたらして

いる．また混獲されたエチゼンクラゲの毒により，同じ網にかかった魚介類の商品価値を下げてしまう被害も続出している．

中国ではエチゼンクラゲは食用に加工されており，加工の仕方によっては刺身のような食感が得られる．日本国内でもその特性に合った利用法を追求しようという動きがみられるが，爆発的な大量発生には対応できていない．詳しくは10章を参照されたい．

2-10 ヒトデ

年を追うごとに被害が深刻化している．現状および利用方途については11章を参照されたい．

2-11 ガニアシ，雑海藻

ガニアシとは昆布の根の部分であり，コンブ養殖が盛んな北海道南部地域において多量に発生する．僅か2ヶ月間に集中して発生するために，処理施設の整備が課題となっている．他の雑海藻とともに，堆肥化が進められている．木屑3および一次処理した牛糞2に対し，ガニアシ5の割合で混合し，好気発酵によって，堆肥化させる．しかし，製品はその他の堆肥との競合関係にあり，地産地消が現実的選択と思われる．

2-12 雑魚，投棄魚

日本の底曳き網漁業による投棄量は海面漁業全体の投棄量の約2/3を占めているといわれる（Matsuoka, 1997）．世界で漁獲されている約440種のうち，28％が過剰に漁獲され，47％が限界ぎりぎりに漁獲されている（松下，2008）．これらにさらなる生産拡大の余地はなく，残された開発できそうな水産資源は約1/4に過ぎない．このような状況の下，世界の人口は年間約8,000万人も増え続けており，必要な食料を持続的に確保するために，混獲・投棄のような水産資源の無駄使いを可能な限りなくさなければならない．現在，選択性漁網の開発が鋭意行われているが，同時に6章に述べられている例にみられるような，魚肉の特性を十分に把握した利用方途の開発および事業化が強く望まれている．

2-13　微細藻類

12章で述べられているように，水環境の汚染が進むにつれて，グリーンタイドや赤潮として知られる微細藻類の繁殖過多が起こっている．これは，洗剤などに含まれるリン成分の負荷による過栄養や，干潟の生態系破壊によって微細藻類を食するアサリなどが極端に減少し食連鎖のバランスが崩れたことなどの複合的な原因によるといわれている．赤潮やグリーンタイドは酸欠を引き起こすが，特に赤潮を起こす微細藻類の中には，有毒渦鞭毛藻のように有毒物質を含有するものもあり，それが大繁殖すると水産資源の毒化をも引き起こす．よって，微細藻類の利用は海環境の維持の上でも極めて重要である．しかし，利用に当たっては高水分含量であることに加え，飼料や肥料としては性能が相対的に劣ること，さらには回収量の変動が大きいことが積極的な利用を阻んでいる．

2-14　資材系廃棄物

魚網は高品質なナイロンよりできており，リサイクル素材として非常に優れている．しかし廃棄魚網は全国津々浦々に点在しており，集荷の困難性がリサイクルを阻んでいる．FRP（Fiber Reinforced Plasticsの略で，Fiber＝繊維，Reinforced＝強化された，Plastics＝プラスチックのこと）の漁船は回収後粉砕，加熱され，セメント焼成などにマテリアルリサイクルされている．発泡スチロール，プラスチック系の魚箱や段ボールは回収後，再生インゴット，再生プラスチックや再生段ボールにリサイクルされている．

§3. 水産加工場の廃棄物と処理法

一般に，水産系廃棄物は水産加工業者や漁業者自らが処理場まで搬入するか，収集運搬業者によって処理場へ運ばれる．水産加工業者が排出する廃棄物は産業廃棄物に分類され，漁業者が排出するものは一般廃棄物扱いになる．餌料や飼料となるものは飼料工場へ搬入される．リサイクル施設がない地域では，多くの場合焼却処理後埋め立てに回されている．ホタテウロのように，生物濃縮による重金属の存在が問題になっているものの処理は「金属等を含む産業廃棄物に係る判定基準を定める省令（昭和48年2月17日総理府令第5号）」で定め

られている基準を満たさなければ適正処理を行うことができない．

3-1 魚類の加工工場

魚類の加工工場では魚腸骨および水溶性タンパク質を主として含む大量の排水が発生する．魚腸骨はミールや発酵調味料に加工される．しかし，大量の排水を処理することによって，余剰汚泥やフロス（泡状の浮かす）が発生する．余剰汚泥やスカム（浮かす）は脱水した後，堆肥型発酵法による産業廃棄物として処理される．処理された排水はしばしば中水（飲用には不適だが，洗浄には使える水）として再利用される．但し，圧倒的多数を占める小規模な水産加工工場では規制外の水処理未実施の施設が多い．

3-2 貝の加工工場

先にも述べたように，ホタテガイでは体重のわずか15％程度の貝柱に商品価値が集中し，他の約85％は事実上廃棄物扱いになっている．但し，体重の約半分を占める貝殻は表1-1のように，リサイクル材としての利用が進みつつある．残りの35％が中腸腺，外套膜，生殖巣，消化管，その他内臓や体液であり，産業的にはこの広義な意味で"ウロ"と呼ばれている廃棄物の処理が，貝殻付着物の処理と並んでとくに大きな問題になってきた．外套膜に関しては，既に外套膜だけを取り出す機械が開発されて加工場で使われているが，釣餌や珍味に少量の需要があるに過ぎず，大半が有効活用されていない．北海道南部では酸浸出/電解法に基づいた"ウロ"のミール化リサイクル工場が稼働しているが，あらかじめボイルしてから搬入しなければならないなど委託処理費に加えてボイルの経費もあり，加工業者への大きな負担になっている．

3-3 イカ・タコの珍味加工工業

イカおよびタコの加工工場では，ゴロと呼ばれる内臓部分と皮が主に発生する．内臓部分は収集運搬業者によってバキュームカーで回収され，処理場に運ばれている．一方，皮の部分はイカせんべいなどイカの風味付けに有効利用されている．

§4. 高度利用の方向

4-1 貝殻

近年，環境修復が叫ばれるようになってきた．漁場や藻場の再生のみならず，干潟や砂浜などの環境・生態系保全にも貝殻およびその破砕物が有効であることが明らかになってきた．とくに近年，漁港整備や沿岸の道路整備に伴って，干潟や砂浜の消失が著しいので，今後環境修復への本格的な貝殻の利用が期待される．

4-2 ウロ（広義）

先にも述べたように，現状では一部がミール原料になったり，外套膜が機械によって分離され，その一部が釣餌や珍味に加工されているが，未だに多くの地域では焼却後埋め立て処理が施されている．しかし，近年外套膜から良質なコラーゲンをとり出す技術，中腸腺から高度不飽和脂肪酸が結合したリン脂質を抽出する技術が開発され，事業化に向けての検討が行われている．また，重金属を除去したものをホタテ風味の調味液にする研究も継続されている．

4-3 ゴロ

13章で紹介される競争吸着法は強酸を使用しない温和な重金属除去法であり，ゴロを原料とした様々な食品の製造に応用できると期待されている．現在のところ，イカの塩辛しか製品として販売されていないが，様々な加工品やレシピの提案が待たれている．

4-4 微細藻類

先に述べたように，赤潮やグリーンタイドが"厄介もの"になっている反面，微細藻類に二酸化炭素を固定化させ，地球環境の悪化を緩和させる試みが着々と進んでいる．また，ヘマトコッカス藻によるアスタキサンチン生産の例にみられるように，機能性食材の生産をはじめとする「レッドバイオ」（Red Biotechnology）と呼ばれる医療・健康に関する領域，草食性家畜の飼料への変換や二枚貝の餌とし，貝類による環境浄化を目的とした農・水・環境バイオ技

術に関わる「グリーンバイオ」(Green Biotechnology) と呼ばれる領域, さらにはバイオマス資源, バイオ燃料への変換をはじめとする「ホワイトバイオ」(White Biotechnology) と呼ばれる工業バイオ技術開発も鋭意行われ, 急速に進展しつつある.

　本章で明らかなように, 非常に多くの有効利用技術開発および副生物減量化の努力がなされてはいるが, 未だに大規模かつ恒常的な有効利用は確立されておらず, 現状は最終処分場や一時保管場所の残余年数の問題, 並びに不法投棄の発生, 漁港・漁村や周辺地域における衛生面や景観上の環境に及ぼす影響等々問題が山積している. 水産廃棄物を"廃棄物から資源"に切り替え, 循環型社会を構築していくには, 技術面のみならず, 経済面, 法制度など多方面からの努力, 支援が不可欠であり, 異なる産業間の密接な連携なくしてはなしえない. すなわち, 産業の複合システム化が課題である. とくに, 最も実現味がある堆肥化・肥料化においては, 副資材として畜産系糞便や農産・林産廃棄物を適宜適量配合し, 水分や空隙を調整することが必要であり, 農産, 畜産との連携が強く求められている. このような連携はバイオガス化事業でも重要である. 事実, 3章で詳述のように, バイオガスプラントにおいて主原料となる家畜糞尿に水産廃棄物を混入させると, メタンガス発生に対するブースト効果は著しく, 5～20倍のメタンガスが得られる. しかし, 水産廃棄物単独では塩分濃度が高過ぎるなど, メタン発酵に適さない場合が少なくない. よって, この点においても他の産業との連携の仕組みづくりが不可欠になっている. 仕組みづくりには当然各種規制, 基準の見直しが伴い, 社会の総合力が問われている.

参　考　文　献

Kumagai Y., A. Inoue, H. Tanaka and T. Ojima (2008): Preparation of a β-1,3-glucanase from scallop mid-gut gland drips and its utilization for production of novel heterooligosaccharides, *Fisheries Sci.*, 74, 1127-1136.

Matsuoka T. (1997): Discards in Japanese marine capture fisheries and their estimation, FAO Fish. Rep., 547, Suppl. pp.309-329.

松下吉樹 (2008): 漁業における混獲・投棄問題を考える, 日本水産資源協会月報, 3, 3-6.

毛内也之・鉄村光太郎・高橋是太郎 (2007): 水中投下型センサシステム, 特許第3936386号

毛内也之・鉄村光太郎・道下　斉・沖崎雅樹・木村暢夫・高橋是太郎・関　秀司・竹下まゆ・田丸　修・宮下和士・波　通隆・

吉川　毅・新井浩成・可児　浩・宮崎俊之（2008）：海中投下型センサーと，これを用いた通信システム，特許第4221510号

Okada, T., Y. Mizuno, S. Sibayama, M. Hosokawa and K. Miyashita（2011）：Antiobesity effects of *Undaria* lipid capsules prepared with scallop phospholipids, *J. Food Sci.*, 76, Nr. 1, H2-H6.

佐藤朱美・福田光男（2003）：水産廃棄物の有効活用について，北海道開発土木研究所月報，606，29-36.

II 部

農畜産・食品系産業の廃棄物と有効利用

2章

農産系
―農作物残渣の有効利用

薬師堂謙一

　農産系の廃棄物は，厳密に言うと農作物生産に関わるハウスフィルムやマルチフィルム，消毒廃液などであり，稲わらや麦わらなど作物の出荷部分以外の農作物残渣は未利用，あるいは，圃場への鋤込みなどによる低利用のバイオマス資源と位置づけられている．フィルム類は現状では農協を通して収集され，別な廃プラスチック製品として農業資材などに加工利用されているので，本章では作物の未利用部分についての有効利用法について述べる．

§1. 農産系残渣のカスケード利用（多段階利用）

　農作物残渣などのバイオマス資源の利用に関しては，地球温暖化問題と絡めてエネルギー利用を中心にして論議されることが多いが，バイオマス資源は図2-1のように①医薬品，化粧品原料，②食品，③工業用原料，④飼料，⑤肥料，⑥エネルギー原料までの多用途に使用される．販売価格の高い物ほど需要は少

1. 医薬品，化粧品原料
2. 食品（機能性食品など）
3. 工業用資材原料
4. 家畜用飼料
5. 肥料（堆肥，液肥）
6. エネルギー原料

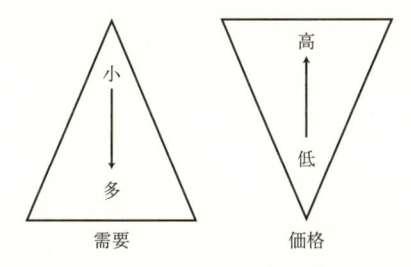

図2-1　バイオマス資源のカスケード利用の基本
　　　　高額で販売できる利用先は需要が少なく，需要が多いものは販売価格が安い．

なく,逆に,エネルギー利用の場合は,需要は多いが販売価格が低いという特徴がある.収集した農作物残渣などの資源はこのように多段階に利用し,残渣の出ないように使い尽くすことが重要である.農作物残渣の収集を行う場合,エネルギー利用だけを対象にすると経費割れを起こしてしまう.そこで,エネルギー利用する場合であっても,より付加価値の高い利用先を優先させ平均販売単価を上げる必要がある.

§2. 農産系残渣の種類と収集・調整法

主な農産系残渣の種類と主な利用法を表2-1に示す.農作物残渣の特徴として,バイオマスとしての量は多いが広く薄く分布するという特徴があり,実際に利用しようとすると,収集や調製,貯蔵にコストと手間が多くかかるという問題がある.特に,農産系残渣は発生時点では水分が多くそのままでは利用できない場合が多いため,圃場での乾燥や,収集後の乾燥処理が必要となる.

水稲について見ると,稲わらは収穫時にコンバインにより圃場表面に畝状に残されるので,圃場で撹拌し乾燥させた後にロール状に集草して飼料や堆肥原料として利用する(図2-2).稲わらはこのように収集に手間がかかるため,生産量が乾燥物として900万t/年あるにもかかわらず年々利用量が減少し,2006

表2-1 農産系残渣の種類と利用法

作物名	製品名	残渣	主な利用法
水稲	米	稲わら モミガラ	飼料,堆肥原料,加工用,(燃料) 堆肥原料,暗渠資材,燻炭,(燃料)
麦類	麦	麦わら	堆肥原料,飼料,(燃料)
豆類(菜豆,小豆,落花生など)	豆	豆殻・茎	堆肥原料,(燃料)
テンサイ	砂糖	ビートトップ	飼料
サツマイモ	芋 デンプン	茎葉 デンプン滓	飼料,食品原料 飼料
サトウキビ	砂糖	ケーントップ バガス	飼料 燃料,堆肥原料
油糧作物(ナタネ,ヒマワリ)	油	油粕	肥料,飼料,(燃料)
果樹類	果実	剪定枝	堆肥原料,燃料
野菜類	野菜	茎葉・外葉	飼料,堆肥原料
竹	筍	竹,枝葉	建築資材,燃料,堆肥原料

年度は飼料用に93万t（10.3％），堆肥用に94万t（10.4％），加工用に6.5万t（0.7％）で，消極的利用である鋤込みが687万t（75.9％），焼却が24万t（2.7％）となっている（農林水産省ホームページ：国産稲わらの利用の促進について[*1]）．利用量は25年間で約半分まで減少しており，稲作農家の規模拡大や兼業化の進展，高齢化による労力不足が主原因と考えられている．

　稲わらと異なりモミガラは，籾のまま乾燥させ米を精米して出荷する際に発生するので，米の乾燥施設で集中的に発生するため特に収集の必要はない．このため，堆肥原料や暗渠資材などへの有効利用率が高い．

　麦類は稲と同様にコンバイン収穫のため，麦わらを圃場から回収し堆肥や飼料に利用する．なお，麦の後に水稲を栽培する場合は，麦わらの回収可能期間は1～2週間程度と短いため多量に回収することは困難である．

　豆類では，面積の多い大豆ではコンバイン収穫のため残渣を回収することは困難であるが，菜豆（インゲン）や小豆や落花生は，刈り取り後圃場で堆積乾燥してから脱粒するため，残渣が集中して発生することになり，堆肥や燃料として利用される場合がある．

　テンサイ（砂糖大根）では原料とならない葉の部分が機械収穫され乳牛用の飼料として利用されている．サトウキビでは上部の茎葉であるケーントップが手刈りされ牛の飼料として利用されている．また，デンプン用や焼酎用サツマイモの茎葉が機械収穫され（大村ら，2008）家畜飼料として利用が開始された．

　油糧作物であるナタネ，ヒマワリでは，搾油後の油粕が飼料や有機肥料とし

図2-2　稲わらの収集システム
　　　　左から①米を収穫して稲わらを圃場に落としているところ，②稲わらを乾燥させるため圃場全体で反転させる，③収集のため稲わらを集草する，④乾燥した稲わらをロール状に巻いて収集する．

*1：http://www.maff.go.jp/j/chikusan/souti/lin/l_siryo/koudo/h200901/pdf/data04.pdf

て利用されている．果樹関係では剪定枝が堆肥原料や炭の原料，燃料として利用されている．野菜類では，外葉や茎葉が残渣として発生する．多くの場合，そのまま鋤込まれることが多い．野菜くずとして飼料利用される場合や，病気発生防止の観点から茎葉を圃場外に持ち出す場合は堆肥原料として利用される場合もある．竹については荒廃竹林が問題視されているが，管理竹林では毎年50～60本/10a（乾物量500～800 kgに相当）間伐され竹林から持ち出されるので，炭原料や燃料として利用される．また，荒廃竹林からは建築資材用の竹材が収穫されるほか，規格外の竹は燃料や堆肥原料として利用される．

　残渣類が利用できるかどうかは，機械で収集できること，収集価格に見合った販売価格が得られるかどうかで決まる．したがって，低コストの収集態勢が取られればエネルギーなどへの利用拡大も可能となる．なお，農産系残渣の利用に当たっては，残渣の種類ごとの賦存量と需給関係に留意する必要がある．畜産地域において，稲わらは飼料として利用されている．資源の競合が起きる場合は，このような地域に，稲わらのエネルギー化プラントを建設することは不適切であり，エネルギー化する場合には他の資源を探す必要がある．

§3. 医薬品，化粧品，機能性食品原料としての利用

　植物は光合成の際に反応性が高い一重項酸素を発生するため，ポリフェノールなどの抗酸化物質を産出し生体を防御している．また，種皮などには抗菌物質やポリフェノール類が含まれるほか，可食部分にもビタミン類などの有効成分が含まれている．

　利用の一例を上げると，サツマイモ茎葉からのポリフェノールの抽出法の研究（田丸・嶋田，2008）が行われ，シミ・ソバカス防止用の化粧品が実用化されたほか，生活習慣病予防のための機能性食品への利用が検討されている．このポリフェノールから分画抽出したトリカフェオイルキナ酸は抗ウイルス薬としての利用も検討されている．また，ナタネ油粕には抗酸化物質のキャノロール（若松ら，2008）が含まれており，米ぬかからはトコフェロールや精製したトコトリエノールなどの抽出（木村ら，2008），バガスからはキシランやキシリトールの抽出などの研究が進められている．

§4. 飼料利用

　食品利用に次いで付加価値が高いのが飼料利用である．牛，豚，鶏の各畜種により利用形態が異なる．牛は反芻動物であるので，繊維系のわら類やケーントップを始め，サツマイモの茎葉やビートトップ，油粕まで多様な残渣を利用できる．稲わらは肥育牛には欠かせない反芻用の粗飼料源であり，口蹄疫の発生を受け，極力国産稲わらを使用することが推奨されている．主に，保存性に優れた乾燥稲わらの形態で給与されるが，牛の飼料の場合は乳酸発酵させたサイレージ（水分50〜65％程度）でも給与可能なため，サツマイモの茎葉のように90％近い水分のものであっても，他の乾燥した飼料と混合してサイレージ化することにより利用できる．鹿児島県では約2,000 haのサツマイモ畑から茎葉を飼料として収穫する予定であり，JAが中心となって飼料の貯蔵・調製工場を設置し，肉牛の各飼育農家に配送する計画になっている．なお，稲わらは乾燥過程で何度も雨にあたると栄養素が流出したり分解して品質が低下するため，短期間に収集することが重要である．

　豚の場合は殆どが乾燥飼料として給与されるため，残渣は水分15％以下に乾燥・破砕してから給与する．牛と異なり単胃動物であるので，栄養価の低いものは利用が難しい．豚の飼料に利用されるのは，食品加工残渣が多く，農産系残渣は現状では殆ど利用されていない．なお，サツマイモの茎葉の利用に関しては，ポリフェノールの抗酸化効果が期待でき，暑熱期でも飼料の摂取量や増体量が減ることがなく，肉質の低下も抑えられることが明らかとなっており，今後，機能性飼料としての利用が期待されている．

　近年，大型の養豚場においてリキッドフィーディングと呼ばれる液状での飼料給与形態も取り入れられてきている．飼料の乾燥処理が不要のため，野菜くずなどの高水分のものも低コストで利用できるようになってきた．

　鶏については全て乾燥飼料として給与されているため，農産系残渣の利用は殆ど行われていない．

§5. マテリアル利用

　稲わらは従来，ムシロやわら縄，畳芯などに利用されてきたが，近年石油化学製品への代替化や輸入量の増加により加工利用用途はごくわずかになっている．モミガラも一部暗渠資材として利用されているが，それ以外の利用用途は燻炭程度である．近年，稲わらやモミガラの微粉砕物を，ポリプロピレンやポリエチレン樹脂と混合し成型したバイオプラスチックへの利用が試みられている．また，稲わらやバガスなどの繊維を活用した紙の生産も始まっているが，現状では利用量はまだ少ない状況にある．

§6. 肥料利用

6-1　堆肥化処理

　農産系残渣で最も利用量が多いのが，消極的な鋤込み利用も含めた肥料利用である．家畜糞などと混合して堆肥化したものと，そのまま残渣を鋤込む場合では，肥料効果や微生物効果が明らかに異なるため，堆肥化が推奨されている．
　堆肥発酵は，好気性の微生物が有機物を分解する発酵であり，可溶性糖類やヘミセルロースやセルロースまでを分解する高温発酵段階（50℃以上）の一次発酵と，難分解物質がゆっくりと分解する二次発酵段階（40℃以下）の2段階で進む．好気性菌主体で進む発酵であるので，材料中に空気を十分通すことが重要であり，通気できるよう材料水分を60～70％に調製する．
　一次発酵では，堆肥化材料を1～2mの高さに堆積し，床面からブロワーにより強制通気する（図2-3）．1週間ごとにバケットローダーなどで切り返しを行うと，ほぼ4週間で温度が下がり一次発酵が終了する．最高温度は70～80℃に達するため（図2-4），芽胞菌を除き一般細菌や雑草の種子は無害化される．一次発酵は一種の生物燃焼であり，堆肥材料中の水分は水の蒸発とともに低下する．約1tの堆肥原料は一次発酵終了時には500kg程度に減少する．1kWhの通気動力で30kg以上の水を蒸発させることができるので，高水分材料の燃料化の前処理としてこの発酵乾燥を用いる場合もある．

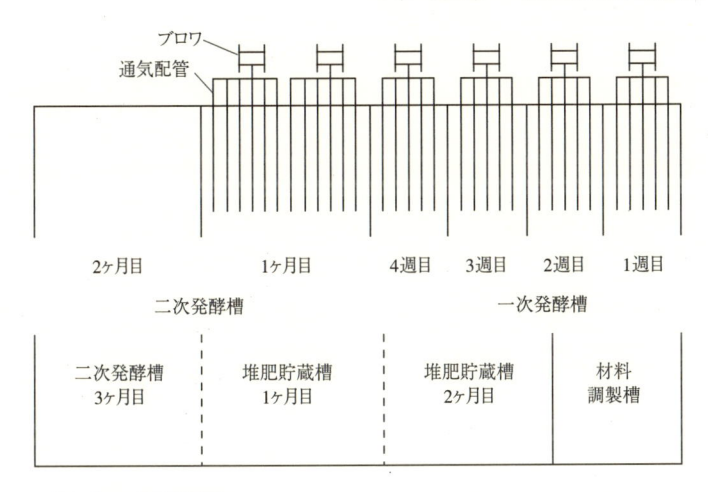

2章 農産系 —農作物残渣の有効利用　29

図2-3 堆肥舎の平面配置図
　　　一次発酵期間は4週間で毎週切り返しを行い，槽を移動させる．週ごとに通気量が異なるので各々の槽にブロワーを設ける．二次発酵以降は1ヶ月分ずつ貯留し，1ヶ月ごとに切り返しを行い，槽を移動させる．なお，二次発酵の1ヶ月目の槽には確実に中温発酵になるよう通気装置を設けて堆肥材料を冷却する．

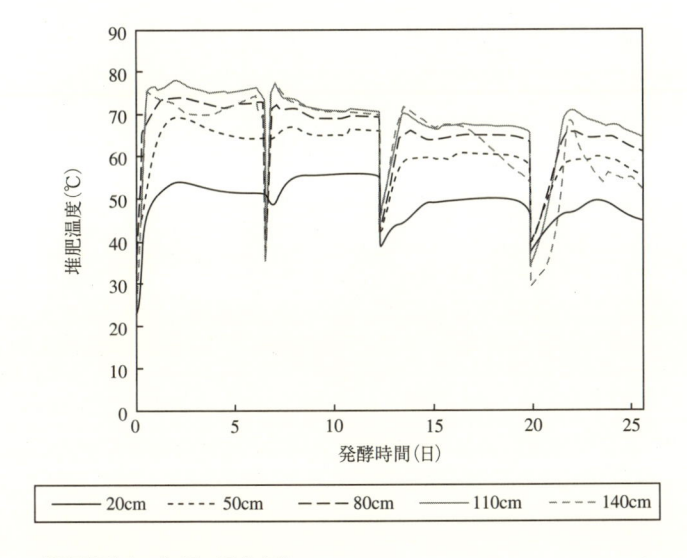

図2-4 堆肥発酵中の各部の温度変化
　　　牛糞堆肥で堆積高さ1.8 mで強制通気を行った場合の各部の堆肥温度の変化．50 cmより上の部分は60℃以上の発酵温度となる．

二次発酵は中温発酵であり，難分解物質を分解させ安定化させるとともに，土壌中で活動できる微生物を増殖させることが重要となる．最新式の堆肥化施設では，二次発酵中も強制通気を行い，堆肥温度が40℃を超えないようにしている．二次発酵期間は約2ヶ月間であり，1ヶ月に1回程度材料を攪拌して均質化を図る．なお，堆肥の施用は春と秋に集中するため十分な貯蔵容積を確保しておくことが重要である．

できあがった堆肥の施用量は1～3 t/10 aと多量になり，人力散布では労力がかかりすぎるため，マニュアスプレッダ（図2-5）などで圃場全面に散布する．散布作業は堆肥センターや畜産農家に依頼することが多い．筆者らは，堆肥散布労力の軽減化と利用性を改善するため，肥料成分の調整を行い，堆肥をペレット状に成型した成分調整・成型堆肥の生産技術の開発を行った．成型処理により，耕種農家の手持ちの石灰散布機などで散布が可能であり，有機栽培や減化学肥料栽培に利用されている（図2-6）．

図2-5　自走式マニュアスプレッダ（散布幅5～8 m）
　　　　3 t積載できる堆肥散布車で3～5分で堆肥を散布できる．
　　　　トラクタで牽引するタイプもある．

6-2 メタン発酵処理

　メタン発酵は嫌気条件化（酸素を遮断した状態）で，微生物により有機物がメタンガスと炭酸ガス，水に分解される発酵である．液状で発酵が行われるので，家畜糞尿や生ゴミ，野菜くずなどの高水分材料に適した処理方式である．発酵残渣液は液肥として水稲の追肥や農作物の元肥などに利用する（図2-7）．なお，発酵残渣液を液肥として利用できない場合は，メタン発酵処理を選択してはなら

図2-6　堆肥ペレットと石灰散布機による施用作業
　　　　左：熟成させた牛糞堆肥を直径5 mmの円柱状に固めた堆肥ペレット．直径3〜8 mmの範囲で大きさを変えることができる．右：石灰散布機で堆肥ペレットを散布しているところ．200〜300 kgを積載できる．ハウス内の作業も可能である．

図2-7　メタン発酵残渣液の利用
　　　　左：水稲への残渣液の追肥作業．用水の注水に併せて残渣液を施用する．施用時間は5分/t程度．右：麦へ元肥として表面施用する．施用時間は1〜2分/t程度．

ない．発酵残渣液を浄化処理すると多額のコストとエネルギーが必要となるため，メタン発酵処理は経済的に成り立たなくなる．発酵残渣液の利用可能量を厳密に推定してから設置規模を決定する必要がある．液肥利用は耕種農家にとっても栽培コスト削減のメリットもあり九州地域では水稲や麦類の減化学肥料栽培に利用されている（薬師堂, 2009）．

発酵温度35℃程度の中温メタン発酵が多く用いられている．発酵期間は約1ヶ月程度である．メタン発酵ではタンパク質はアンモニアに変化するため，即効性肥料として利用できる．農作物残渣単独でメタン発酵を行う事例はないが，野菜類の残渣などの分解性のよいものの処理に適する．わら類などの繊維系の材料は分解が劣るためメタン発酵処理には適さない．水産系残渣についても，液肥の重金属濃度が許容値を超えない場合には適応可能であり，魚骨など分解できないものは前処理段階で除去しておく必要がある．

§7. エネルギー利用

近年，地球温暖化対策としてバイオマスのエネルギー利用も推進されている．エネルギー利用の主な処理方式としては，①燃焼（燃焼発電を含む），②炭化，③ガス化処理（ガス発電を含む），④ガス化・メタノール合成，⑤エタノール発酵の5種類である．

7-1 燃焼処理

燃焼処理は，昔から一般に用いられたエネルギー化方式である．従来は600～700℃程度の燃焼温度で利用されていたが，農産系残渣には肥料や土壌由来の塩素分が含まれているため，ダイオキシン対策の関係で燃焼温度を800℃以上に保つ必要が生じた．

現在のバイオマス燃焼の主な材料は木材である．木材は99.7％が有機物であり1,300℃でも材料が溶融することはない．しかしながら，農産系残渣には，ナトリウムやカリウムなどの陽イオンやケイ酸が含まれており，これらの含有量が増加すると燃焼中に溶融して溶岩状になり燃焼炉が閉塞するという問題が発生する場合がある．稲わらを例にとると，九州から関東までの稲わらは1,000℃以上の溶融温度であり問題はないが，北海道の稲わらを燃焼させると同じ温度

でも溶融する場合がある．また，竹材では，荒廃竹林の竹材は溶融しないが，筍を出荷するために堆肥を施用した竹林の原料は溶融しやすいなど，施肥の条件や刈取り時期・品種によっても溶融温度は変化する．このように，農産系残渣は栽培条件などにより溶融問題の発生の有無が決まるので，事前に溶融温度を測定し利用可能かどうか判定する必要がある．

　また，農産系残渣の特徴として，そのまま切断処理したままでは容積重が少なく材料を供給しきれないという問題もある．木材チップ用に設計された燃焼炉に材料を提供する場合には，成型処理をしてカサ密度を高めるなどの前処理が必要となる．ハウスボイラーなどへの利用も期待されているが，灰出し機構の追加などの改善も必要である．なお，燃焼発電のための処理量は100 t/日以上の規模となるので，農産系残渣のみでは収集が困難であるので，木質系材料との併用を考慮すべきであろう．農産系残渣で燃焼利用されているのは，現状ではバガスのみであり，製糖工場への電力や蒸気供給に活用されている．

7-2 炭化処理

　炭化処理は，酸素が不足した条件化で材料を加熱し，タール分などの揮発成分を除去し炭を得る処理方式である．外部から加熱する外熱式と，炉内で不完全燃焼させる内熱式の2種類の炭化方式がある．炭が燃料や土壌改良資材となるとともに，炭化工程で発生したタール分などの熱分解ガスが燃料として利用できる．産業廃棄物処理では，炭化は減容化率が高いので採用例が多いが，炭化物自体の利用が少ないので，農産系残渣を炭化処理すべきかどうかは，炭の利用性を厳密に判断してから進めるべきである．燃焼に比べ炭化の場合は処理温度が低いため溶融問題を懸念する必要はないが，木炭に比べ農産系残渣炭の吸着性能が劣るという問題点がある．炭化物の処理コストは10～20円/kgであり，高額で販売できる土壌改良材は1回投入すると10年程度は再投入することはないという問題がある．また，発電所などでの燃料利用の場合，炭の販売価格は数円/kgの場合が多くコスト的にペイしない．モミガラの燻炭製造以外に多量の炭の需要は見込めないので，燃焼処理よりも厳密に事業計画を立てておく必要がある．

7-3 ガス化発電・メタノール合成

ガス化は，農産系残渣などのバイオマス中の有機物を高温で加熱することにより熱分解し，一酸化炭素，水素，メタンなどの可燃ガスを発生させる方法である．ガス化の過程でタール分も発生するが，900℃以上に加熱することによりタール分もガスに分解される．加熱方式により，外部から熱を加える外熱式と，内部で不完全燃焼させる内熱式の2方式がある．

外熱式は炭化と同じ方式で，外筒部を600℃程度に加熱し，バイオマスを接触加熱でガス化する方式であるが，タールが残存するため，空気や酸素添加などによりガス温を1,000℃程度に加熱し清浄な可燃性ガスを得る．また，反応管を800～1,000℃に加熱し，管内で水蒸気とガス化材料を反応させ瞬時にガス化する浮遊外熱式ガス化法も開発されている．

浮遊外熱式ガス化法は，長崎総合科学大学の坂井教授らにより開発された新たなガス化技術で，内部燃焼を起こさないため窒素や炭酸ガスの含量が少なく，水素割合の高い高カロリーなガスがえられる．コ・ジェネレーションで熱電併給もできるが，$H_2:CO=2:1$ のガス組成をもつため，メタノールやエタノールなどの合成原料ガスとして注目されており，メタノール合成まで実用化している（坂井，2008；農林バイオマス3号機，図2-8）．バイオマスを変換して得られる混合ガスは，発電効率の高いガスエンジンにも問題なく使用できるもので，数kWから数百kWの小規模発電を発電効率15～30％で実現できる．また液体燃料の製造に関しては，合成圧力1 MPa未満の低圧で，合成塔を多段にすることにより，稲わら乾物1 tからメタノールを340 l 製造することができる．未反応のガスは発電機に利用する．合成したメタノールはガソリンエンジンを搭載した耕耘機や管理機，メタノール自動車，燃料電池などに利用できる．

7-4 エタノール発酵

農産系残渣のエタノール発酵については，稲わらなどのセルロース系原料からのエタノール生産の研究が進められている．エタノールの生産コスト100円/l の時の原料価格は60円/kg以下とされており，稲わら乾物1 kgの収集・運搬・貯蔵コストは15円/kgと低い価格設定となっている。

稲わらからのエタノール生産では，年間15,000 kl のエタノール生産規模で，乾物60,000 t 相当の稲わらを収集・貯蔵する必要がある．収集量を増加させる

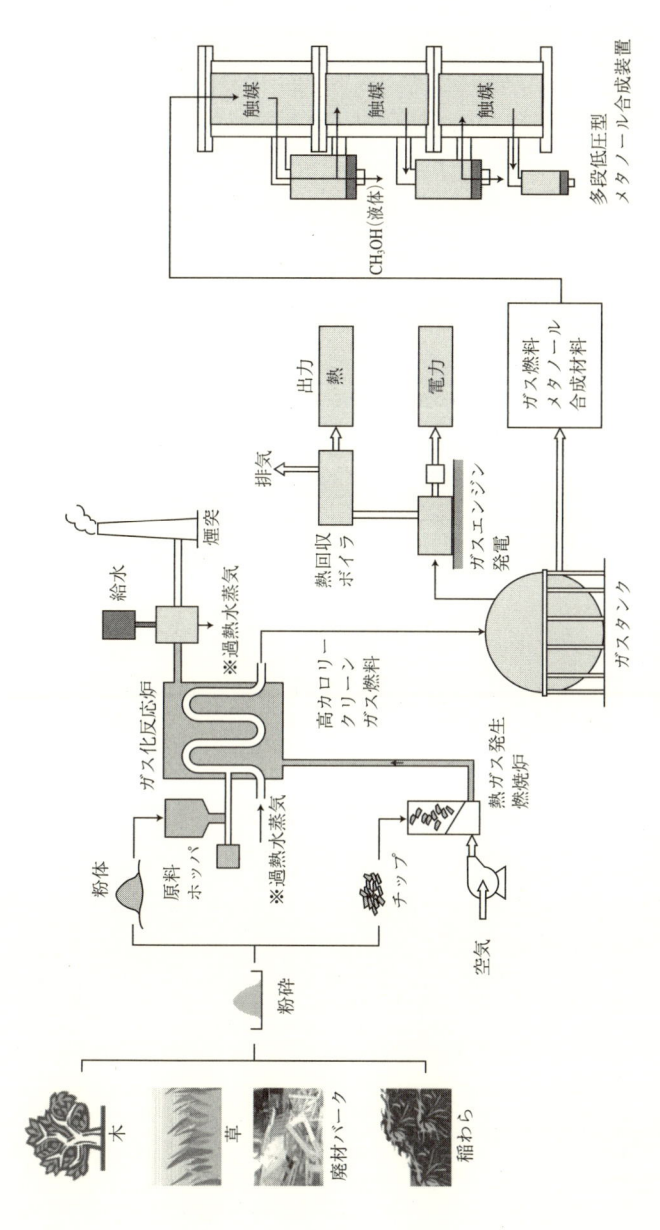

2章 農産系 ―農作物残渣の有効利用 35

図2-8 農林バイオマス3号機のガス化発電・メタノール合成システム
※：ガス化反応炉の廃熱で作った過熱水蒸気をガス化反応炉へ投入する

ため，普通型コンバインなどによる稲わらの迅速乾燥法の検討が進められている．また，茨城県を対象とした試算では，収集エリアは半径 30 km 程度であり，ラップフィルム巻きの回収・貯蔵方法で概ね 15 円/kg（乾物）程度の収集コストと試算されている．しかしながら，現状ではセルロースの糖化のための酵素価格がまだ高く，エタノール変換側からは原料価格のより一層の低コスト化が求められている．今後，糖化酵素価格を下げる大きな技術革新がなされれば，繊維系の農産系残渣からのエタノール生産が可能になると考えられる．

　農産系残渣の利用は，現状ではまだ低い水準にとどまっていると言わざるを得ない．しかしながら，40年前に遡ればこれらの残渣類の多くは有効に活用されていたものであり，社会構造の変化や技術の進歩により使われなくなってしまった．現在，化石系エネルギー価格の高騰や地球温暖化問題に直面し，構造変革が求められている．農産系残渣の利用技術の開発も進んでおり，カスケード利用を基本に有効活用を図っていくことがますます重要になってきているといえる．

参 考 文 献

木村俊之・木村映一・宮澤陽夫・仲川清隆・天野義一・増田隆之・佐藤康平（2008）：米油抽出残渣からのトコトリエノールの抽出と機能性の解明，農林水産バイオリサイクル研究―農水産エコチーム，pp.114-116.

大村幸二・飛松義博・鮫島正昭・杉本光穂（2008）：カンショ茎葉の効率的な回収調製技術の開発，農林水産バイオリサイクル研究―農水産エコチーム，pp.109-110.

坂井正康（2008）：非食料の草木からエネルギー―バイオメタノールは明日から使える，独創エネルギー工学（西澤潤一編著），講談社，pp.84-102.

田丸保夫・嶋田義一（2008）：サツマイモ茎葉からのポリフェノール画分の効率的抽出法の開発，農林水産バイオリサイクル研究―農水産エコチーム，p.106.

若松大輔・森村　茂・今井貴士・前田　浩（2008）：キャノロールを高濃度に含有するラジカル捕捉活性の優れた菜種油製造法の開発．日本食品科学工学会誌，55，233-238.

薬師堂謙一（2009）：事例③消化液を米，麦，飼料用作物へ利用・山鹿市バイオマスセンター，畜産コンサルタント，539，pp.28-31.

3章

畜産系（1）
―家畜糞尿のエネルギー化

梅津一孝

　畜産業は人類が欠くことのできない良質なタンパク資源を生産する重要な産業である．家畜屠体の残渣は食用以外に工業製品，医薬品，化粧品など多くの製造原料として利用されてきた（押田ら，1998）．また，それ以外の残渣は従来レンダリングプラントにおいて肉骨粉に加工され家畜の飼料として完全利用されてきたが，BSEの発生以降は焼却処分されているのが実情である．牛乳を1 l 生産するには乳牛はその4倍の排泄があり豚肉1 kgを生産するにはその12倍，牛肉においては110倍の排泄があることは意外に知られていない．本章では畜産業において大量に発生する家畜糞尿の循環有効利用の一つであるメタン発酵によるエネルギー化について述べる．

§1. 家畜糞尿と環境問題

　わが国の酪農は，これまで一貫した飼養規模の拡大を伴って発展してきた．その中でも北海道の畜産はわが国の畜産業の中心に位置づけられ，国内で飼養されている乳牛180万頭の内約半数の88万頭が，成畜50頭以上の飼養階層の63％が営まれている．十勝，根釧などでは，100頭規模の経営が中心であり，1戸当たりの処理が必要となる糞尿排泄量は急増している．このような規模拡大のなかで搾乳施設や給餌施設など生産を直接支えるハードには始めに施設投資がなされたのに対して，糞尿処理管理施設は利益を生まないため整備が遅れている．

　家畜糞尿や厨芥などの有機廃棄物は，長い間，貴重な有機質肥料として農耕地で用いられてきたが，近年，多頭飼養化と海外からの購入飼料の増加により，

農業と環境の間に矛盾が生じるようになってきた．これまでにも家畜糞尿由来と思われる河川の窒素濃度の上昇（長沢ら，1995；宗岡ら，2000），糞便性大腸菌群数の増加，さらには原虫クリプトスポリジウムの検出など家畜糞尿に由来する病原性微生物による疾病発生が懸念され，これらの対策が急がれている．現状の問題は，規模拡大に伴う糞尿管理施設の整備の遅れと購入飼料の増加が根源にあり，野積み，素堀貯留による糞尿の水系汚染という環境問題に至っている．現場での問題点を整理すると多頭飼養化による排泄糞尿量の増加，それに見合う糞尿管理施設の整備の遅れ，濃厚飼料の多給による糞の軟便化，敷料の不足，高水分による泥状化，悪臭などがあげられる．また，従来の糞尿処理施設は高額で多くの投入エネルギーを必要とするなど施設の研究開発も十分ではない．

　家畜糞尿管理に一挙解決の決め手はないが，必要な方策として農場内の排水の適正管理があげられる．これは，きれいな水と汚染された水を分離して，きれいな水は直接川に流し，汚れた水と混合しないということである．そのためには，牛舎などの屋根からの雨水や舗装部分のそれをきれいなままで排水する，堆肥を雨ざらしにしないなどの工夫が不可欠である．そのためには堆肥盤に屋根を設置する必要があり，現在，屋根の低コスト化に向けた取り組みがなされているが，いまだ，これらの建設費は高額である．また，安価な簡易な遮水シートや雨水や融雪水の混入を防ぐシートバックなどの開発も進められているが，これらの処理技術は，できた堆肥を戻すことができる圃場の確保が前提であり，自己の畑への還元はもちろんのこと，近隣の耕種農家との連携がこれまで以上に必要となるであろう．

§2. 諸外国の畜産環境対策法

　世界の先進農業国では，これまでの生産性追求のみの農業から，生態系に合った環境保全型の農業への方向転換が始まっている．なかでも，農地への窒素負荷量の多いEU諸国では，一般に水道源を地下水に依存する割合が高く，耕地率はわが国の2倍にも達し，地下水汚染源としての農地の比重が高い．また，降水量が少なく，平坦な地形のため，家畜糞尿や化学肥料の散布は地下水の硝酸塩濃度に大きく影響する．EU諸国の家畜糞尿対策は各国とも糞尿貯蔵施設の設

置義務と糞尿散布量・散布時期の制限が基本となっている.

オランダでは,農家の過剰糞尿（リン酸量で 125 kg/ha/ 年以上）に対して課徴金を徴収する,糞尿生産量がリン酸換算 125 kg/ha/ 年以上の農場の新設拡大を禁止する,など環境保全型農業への取り組みが行われている.家畜糞尿対策は施用基準の他に排泄量削減,飼養密度制限,アンモニア低揮散型の土壌還元,密閉型糞尿貯留槽を備えた畜舎への切り替えの政策,さらには,土壌還元できない糞尿はコンポスト化し補助金を支出し輸出する,などの政策を行っている.

デンマークでは 1980 年代前半に窒素,リン酸,有機物など農畜産業に起因する環境汚染が大きな問題として取り上げられ,政府は NPK（窒素,リン酸,有機物）計画（1985 年）,水環境計画（1991 年）,農業の持続的発展のための行動計画（1991 年）を策定した.これらのうち畜産に関する計画の主要方針は次の通りである.① 農地に見合う家畜頭数の上限設定（1 ha 当たり乳牛 2.3 頭）② 糞尿の施用基準の設定 ③ 作物輪作,施肥計画書の作成義務 ④ 糞尿を最低 6 ヶ月貯留できる施設の設置.

ドイツにおいても他の EU 諸国同様,年間 ha 当たり家畜糞尿の施用上限,施用期間の限定,6 ヶ月間の糞尿貯蔵量の確保などが義務づけられている.

一方,アメリカでは 1988 年から低投入持続型農業（LISA）を開始している.これは富栄養化に悩むわが国とは逆に農地の砂漠化を防ぐ目的で,① 輪作の積極的導入 ② 生物的防除の積極的導入 ③ 家畜糞尿と緑肥の積極的導入 ④ 適切な機械耕耘が柱となっている.糞尿の農地への負荷は,非常に小さいが,東部や五大湖付近では河川や湖の水質汚染が問題化し,いくつかの州では長期貯留施設の義務化の条例が可決されている（志賀ら,1992）.

§3. わが国の家畜排泄物適正化法

このような背景のなか,わが国においては家畜糞尿の野積みや素堀りによる貯留の禁止,堆肥の利用促進,化学肥料・農薬の削減を図ろうとする目的で「家畜排泄物の管理の適正化および利用の促進に関する法律」が 1999 年 11 月より施行されている.この法律は同時に施行された「持続農業法」「肥料取り締まり法の一部改正法」と併せて「環境三法」と呼ばれている.「家畜排泄物法」で家畜糞尿の垂れ流しを禁止し,同時に「持続農業法」によって堆肥などの有機物

肥料の利用を促進し，化学肥料，農薬の使用量の削減を図ろうとするものである．また，堆肥などの有機物肥料の利用を促進するために有機物肥料の品質の明確化を含んだ「肥料取り締まり法の一部改正法」が出された．そこでは，堆肥盤は床を不浸透性材料（コンクリートや防水・遮水シートなど）でつくり，適当な覆いや側壁を設けるよう規定している．尿溜も不浸透性材料でつくった貯留槽としている．また，罰則規定が2004年より適応されており，改善が認められない場合は，対象畜産農家に50万円以下の罰金が科せられる．対象となる畜産農家は，牛10頭以上，豚100頭以上，鶏2,000羽以上および馬10頭以上を飼養する規模で，道内の畜産農家ほとんどすべてが対象となる．これらの一連の法律は大いに評価されるものと考える．しかし，上述のようにEU諸国での畜産環境対策法の動きを見るならば遅すぎた施行ともいえ，同時にこれまで行政的指導の下で規模拡大を目指した農家にとっては大いなる痛手でもある．

　EU諸国の環境対策法は，耕地面積当たりの糞尿の施用量の規制，糞尿貯蔵容量やスラリーの散布時期，方法を規定していることに大きな特徴があるのに対して，わが国の法規制は，野積みや素掘りの禁止という糞尿の適正管理に力点が置かれている．主に糞尿の堆積場所に屋根を掛け降雨，融雪水による流亡を防ぐ目的でいわゆる「屋根掛け堆肥盤」の設置が進められている．

§4. 生産システムの見直しと自然エネルギー利用

　わが国の酪農生産技術の発展は1頭当たりの生産量を20年ほどの間に2倍以上に増加させた．これはアメリカの酪農生産技術に負うところが大きい．すなわちアメリカからの大量の穀物供給によって成り立っている．人間が食べることができる穀物を乳牛に多給して高泌乳を維持しているといえる．畜産は産業である以上経済性の追求は当然のことであるが，この家畜糞尿問題はこの経済性の追求の結果生じた問題とみることができる．円高により海外からの安い飼料が入る間はこの状況が続くのか．現在の日本農業を市場経済の中に放り込めば農業はいらないという結論に達するのは明白である．しかし，国の政策の基本として米および飲用乳はなんとしても確保することが重要であり，国策として酪農の基本である自給飼料を主体とした経営への移行が課題であると考える．

　また，この推進のためには，現在のエネルギー投入型酪農生産方式から自然

エネルギーの積極的活用を含んだ生産システムの見直しが必要である．一例として糞尿処理のためのバイオガスプラントの利用があげられる．バイオガスプラントはデンマーク，ドイツなどでは一般的技術として普及に至っている．EU諸国のバイオガスプラントの普及には環境への負荷の低減と物質循環の促進という国策が背景にある．バイオガスプラントの利点として家畜糞尿の垂れ流しが防止されるのはもちろんのこと，窒素成分の空中揮散，炭酸ガス，メタンガスなど地球温暖化ガスの放散が防げる点，また，メタン発酵では炭素はメタンとして取り出されるが，窒素，リン酸，カリの肥料成分はすべて消化脱離液に残り，無駄のない圃場還元が可能であり，さらに，生成したバイオガスを有効に利用することにより，化石エネルギーの使用量を削減できるという循環型農業を推進する利点がある．また，家庭や外食産業，あるいは，食品加工工場からの残渣物を家畜糞尿と混合発酵させることによりメタンガスの発生量は増加し，これら廃棄物の再資源化が可能になる．糞尿処理とエネルギー取得の両方が可能なバイオガスプラントによるメタン発酵処理は，環境保全と資源循環，さらにエネルギー対策も包括したシステムとしての構築と普及が急がれる（梅津，1999a，1999b）．

　エネルギー問題，環境問題，食料問題は相互に関連し，畜産においては家畜糞尿問題にみられる物質循環の歪みの是正と自然エネルギーの積極的導入や省エネルギーによる生産における化石エネルギー投入量の低減が重要課題である．

§5. バイオガスシステムの現状と課題

5-1　バイオガスプラントによるエネルギーと液肥の生産

　有機性の廃棄物をメタン発酵させ排水を浄化する技術は，下水処理をはじめ多くの産業排水に応用され，水処理技術として広く用いられている．また，家畜糞尿などをメタン発酵させバイオガスを回収する方法は，中国やインドなどで古くから行われている技術であり，わが国においても戦後，生活改善事業として導入を試みた時期があるが，プロパンガスなどの普及により姿を消した経緯がある．1970年代，中東戦争による原油価格の高騰により，自然エネルギーへの関心が高まり，大学や試験研究機関で様々な研究が行われ，バイオガス利用についても多くの研究の蓄積がある．また，近年は環境保全の立場から，関

心が高まり，諸外国では家畜糞尿処理の主要な方法として位置づけられている．

メタン発酵は，嫌気発酵とも呼ばれ嫌気条件で進行する有機物の分解反応であり，メタン菌群に属する微生物に有機物が分解され，メタンガスを生成する反応と，水素と炭酸ガスからメタンを生成する二つの反応の総称である．生成するガスはバイオガスと呼ばれ，メタンが約60％，二酸化炭素が約40％，微量の硫化水素，窒素の混合気体である．メタン1 m^{3}当たりの低位発熱量は約8,500 kcalであるのでメタン濃度が60％であれば，バイオガス1 m^{3}当たりの熱量は約5,100 kcalとなり，発酵によって得られるバイオガスは都市ガスに匹敵する熱量である．一般に，バイオガスプラントでは年平均で乳牛1日1頭当たり正味1 m^{3}以上のバイオガスを生産することが可能である．一般にバイオガスプラントでは，ガスを直接販売したり，バイオガスによる発電を行い売電による農家収入がある．このようにメタン発酵によるバイオガス生産は高カロリーの可燃ガスが得られるばかりではなく，発酵後の消化脱離液の肥料価値の向上，すなわち，窒素が無機化し，消化液中の雑草種子，有害細菌が死滅した悪臭の少ない肥効の高い液肥に変換することが可能である（木村ら，1994；Umetsu et al.，2002）．さらにアンモニア，二酸化炭素などのガス揮散がないという利点がある（Umetsu et al.，2005）．

5-2 利用技術の現状と問題点
1）利用の現状

メタン発酵は一般に中温発酵と高温発酵に適温が分かれ，それらの最適温度の範囲は，それぞれ30〜45℃，50〜60℃の範囲にあり，現行のメタン発酵施設は下水やし尿処理施設も含めると95％以上が中温発酵法を採用しており信頼性は極めて高い．その理由として加温熱量と発酵槽からの熱放射が高温発酵に比べて少なくて済むこと，また，温度変動に対しての緩衝性が高いことなどがあげられる．さらに毒性や阻害物質に対しての耐性も強いことが知られている．しかし，近年，EC諸国で家畜糞尿を対象としたバイオガスプラントは55℃を中心とした高温域で運転されているものが多い．その背景には，断熱技術，熱交換技術の進歩，さらに発酵槽の温度制御技術の飛躍的進歩などがあげられる．また，消化脱離液の有機質肥料としての圃場還元に際し衛生面の配慮から，殺菌効果の高い高温域での処理に対する評価が高まっている．家畜糞尿を対象と

したバイオガスプラントの場合，個別型では中温，大型共同施設では高温による運転が一般的になっている．すなわち，メタン発酵の場合，発生したバイオガスなどにより発酵槽内を最適温度に維持する必要がある．そのために投入原料の発酵槽温度までの昇温と発酵槽の加温に，発生したバイオガスが用いられる．また，ガスエンジンによる発電設備を備えた施設では，発生したバイオガスにより施設の運転に必要な電力が賄われ，余剰の電力が使用可能となる．

バイオガスは，発酵槽からほぼ飽和水蒸気の状態となって生成するため配管内で結露し，ドレンと呼ばれる凝結水によるトラブルが発生する．そのため，除湿のために装置と配管の水抜きが必要となる．また，バイオガス中には硫化水素が含まれており，この硫化水素は，発酵物質に含まれるタンパク質やアミノ酸を構成するイオウや硫酸塩をイオウ還元細菌などによって生成される気体である．この硫化水素が燃焼すると亜硫酸ガスや硫酸となってボイラ壁やシリンダ内を腐食させるなどの問題が生じる．また，排気ガスは硫化酸化物を多く含むため大気汚染の原因ともなるため，脱硫と呼ばれる硫化水素の除去が必要となる．脱硫法には湿式法，乾式法，微生物法がある．湿式法は水やアルカリ水溶液に硫化水素を溶解させる方法であり，大量のバイオガスを処理する場合に経済的であるといわれているが，装置は大型でイニシャルコストは高い．乾式法は水酸化鉄などを含む脱硫剤と反応させる方法で，装置は比較的簡易であるが，脱硫剤の交換が必要でランニングコストがかかる．また，微生物法はエアーゾンニング法とも呼ばれ，微生物の働きにより硫化水素を除去する方法であり，最近のEU諸国のバイオガスプラントで盛んに採用されている．

2) 諸外国の利用の現状

中国やインドなどの個別型メタン発酵施設では直接燃焼による熱利用が主体であるが，デンマークなどの集約型バイオガスプラントでも発電施設をもたないプラントもあり，施設の運転に必要な電力は買電し，発生したバイオガスを地域暖房用の天然ガスの配管に直接送り込み，ガスでの販売を行っている例もある．また，中国四川省ではバイオガスを燃料とした公共のバスが運行している．

現在，デンマークでは，22基の大型の共同バイオガスプラントが稼働しており，生産されたバイオガスはすべて発電と地域暖房に使われている．デンマークでの発電はほぼ100％が火力発電であり，北海から産出される天然ガスを燃料とする施設が多い．また，地域暖房が発達しており，エネルギー危機以来，発電

所から出る余熱はほとんど地域暖房に利用されている．発電の熱効率は約40％で，地域暖房への余熱利用により熱効率を90％まであげることができる．共同バイオガスプラントにおいても発電と余熱利用が普及の前提条件になっている．

家畜糞尿と有機廃棄物の混合発酵はバイオガスの生産効率を上げることが知られており，そのためデンマークのバイオガスプラントでは家畜糞尿の他に様々な有機性の廃棄物，家庭から出る生ゴミなどが発酵原料として用いられている．多くのテクニカルトラブルは着実に解決されているが，その費用が深刻な問題になっているプラントもある．また，臭気も初期のプラントでは大きな問題であったが，新しいプラントではこれらの問題も解決され驚くほど臭いはしなくなっている．糞尿，有機廃棄物などスラリーの輸送費は共同バイオガスプラント運営の重要な鍵であり，コストの35～50％が輸送費である．通常20 tの輸送車が使われており，平均輸送距離は往復18～28 kmであり，輸送の効率化，コスト低減がプラント運営の成功を左右する重要なポイントとなっている．現在，ドイツでは約6,000基のバイオガスプラントが稼働しているといわれており，それらの大半は戸別型プラントである．ドイツの戸別型プラントの特徴として発電用エンジンの廃熱による発酵原料の加温，発酵槽の保温，コ・ジェネレーションシステムの採用がある．2000年4月から施行されている自然エネルギー利用促進法によってバイオガスで発電された電気は電力会社が買い取ることが義務付けられており，南ドイツを中心にバイオガスプラントの設置が飛躍的に伸びている．また，欧州の主要自動車メーカーではバイオガスで使用できる車両を一般に販売している．

3）わが国における利用の現状

わが国においても現在，家畜糞尿を主な発酵原料としたバイオガスプラントの導入が進んでおり，約50基が稼働している．帯広畜産大学フィールド化学センターのバイオガスプラントを図3-1に示す．本プラントは発酵槽容積60 m^3，発酵温度を55℃として2001年9月より運転を開始し，約10年間に渡り熱的に自立し，毎日約80 kWhの電気を農場へ供給し，帯広のような寒冷地でも高温発酵が可能であることを実証している（Aokiら，2006）．図3-2に北海道の鹿追町で稼働している乳牛1,200頭規模の集中型バイオガスプラントのシステムフローを示す．現在，本プラントでは約90 tの乳牛糞尿を受け入れ約4,000 kWh/日の発電を行っている．この発電量は住宅約460戸分の電力使用量に匹敵する（菊

池ら，2011）．これらの実績よりバイオガスプラントは生成するバイオガスの有効利用，発電による売電収入を見込むと維持経費をカバーし，さらに発酵後の消化脱離液の液肥としての価値を考えるとバイオガスプラントの経済性は必ずしも否定的ではない（梅津ら，2005）．さらにバイオマスエネルギーはカーボンニュートラルなため温室効果ガスの削減効果も大きい．一方でバイオガスプラントをわが国で普及させるためには建設コストの低減，バイオガスの有効利用の促進，全量買い取り制度による売電価格の高値維持，消化脱離液の液肥としての積極的利用，さらにスラリーの運搬，圃場への散布など解決しなければならない課題は多い．しかし酪農を中心とした農村地帯でのバイオガスプラントによる熱利用ならびに発電は，搾乳時の電力需要の平準化をもたらし，将来は燃料電池などとの組み合わせによる廃棄物処理と分散型エネルギーシステムを兼ねた優れた複合システムとして普及が期待できる．

4）バイオガスを用いた燃料電池発電システム

天然ガスを燃料としたリン酸型燃料電池は，技術的にはすでに商用化のレベルにあり，環境にやさしい優れた発電システムとして国内でも数多くのプラントでの運転実績がある．現在，燃料電池に適用される燃料の多様化が技術開発の重要な課題となっている．一般に下水処理場やバイオガスプラントから生成

図3-1 帯広畜産大学フィールド科学センターモデルバイオガスプラント

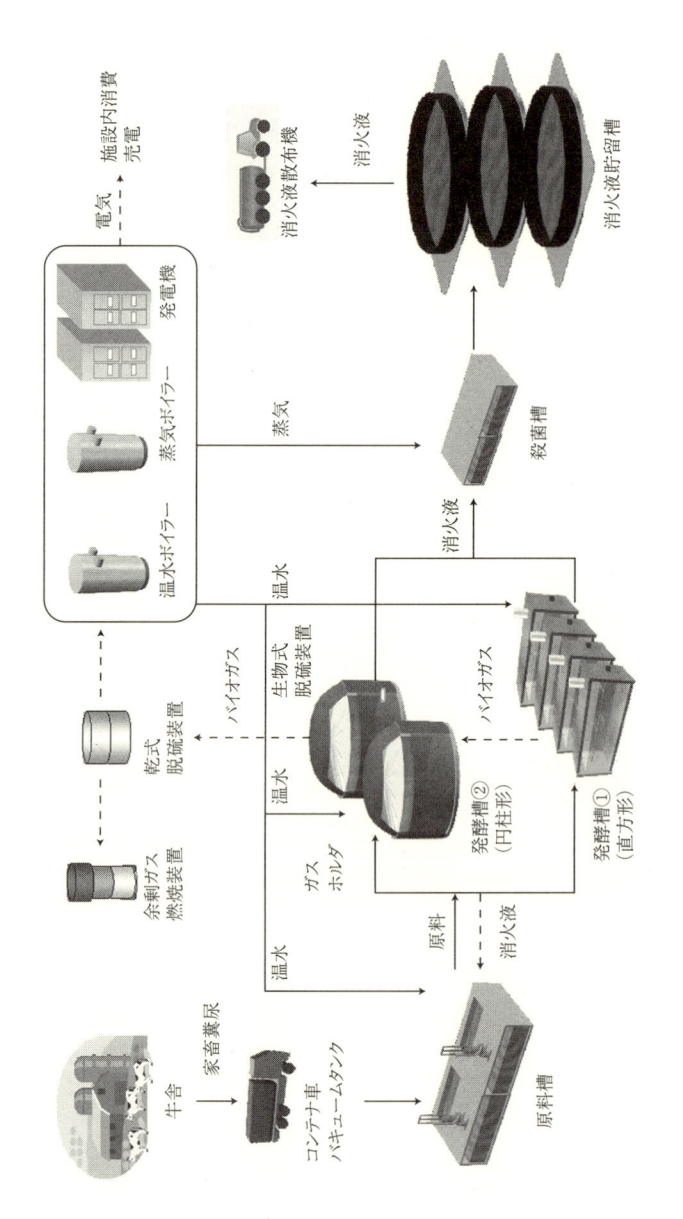

46　II部　農畜産・食品系産業の廃棄物と有効利用

図3-2　大型共同施設集中型バイオガスプラントの概要

するバイオガスは，ボイラーまたはガスエンジン・コ・ジェネレーションシステムの燃料として使用され，得られた排熱は嫌気性消化槽の加温熱源として利用している．燃料電池は発電効率，排気ガスの環境性，維持管理性など燃料電池発電システムは優れた特徴をもち，バイオガスを用いた燃料電池発電システムの開発が強く望まれていた．下水汚泥や家畜糞尿など有機性廃棄物から生成するバイオガスはメタン濃度,二酸化炭素濃度ともに年間を通しほぼ一定であり，組成的に安定したガスであるが，メタン濃度が60％前後と，燃料電池として実績のある天然ガスに比べかなり低く，また，生成する過程で発生するイオウ化合物，塩化物，窒素などが含まれている．そのため，バイオガスを燃料電池発電装置に適用できるようにいくつかの対策がとられている．

バイオガス中のイオウ化合物，塩化物，窒素ガスなどを除去する装置としてイオウ水素吸着触媒と活性炭を組み合わせた乾式脱硫方式を採用し，イオウ分を6 ppmv以下まで低減することを可能にした．また，メタンの濃縮法については，PSA（Pressure Swing Adsorption）法を採用し，メタン濃度，メタン回収率とも良好な結果を得ることができ，バイオガス中のメタン濃度が40％以上であれば，メタン濃度を90％以上に濃縮できることが明らかになっている．また，メタン濃縮なしのメタン濃度60％条件下でも定格出力の200 kW運転が可能であることが実証されており，メタン濃度のやや低い乳牛糞尿などのバイオガスについても燃料電池の適応が可能であることが検証されている（西崎ら，2002）．バイオガスを燃料とした燃料電池発電システムは下水処理場の他に，ビール工場の排水処理施設で実用化されており，今後，生ゴミ処理施設，ランドフィルガス，豚糞尿処理施設への適応が進められており，さらに乳牛糞尿などを主原料とした農村地帯の分散型エネルギーシステムとしての利用など多方面からの取り組みが行われている．

5-3 バイオガスプラントを核とした水産・酪農資源循環システム

最新の統計資料によると，本道の酪農家数は1万戸を割り込んでおり，この数十年，本道酪農は，ひたすら離農と規模拡大の道を突き進んできたといえる．そのなかで本道農業は環境の間に矛盾を生じるようになってきた．沿岸の酪農地帯にとっては水産業との共存は必須であるが，家畜糞尿による悪臭や水系汚染は無視できない．水産廃棄物の脱カドとメタン発酵によるエネルギー化は

NEDOによる実証試験が行われている（NEDO, 2009a）．図3-3にバイオガスプラントを核とした水産・酪農資源循環システムの概念を示す．本構想はバイオガスプラントで生産される電力・熱の需要先として水産加工施設が見込めるため，エネルギー利用の効率向上が期待できる．酪農業から排出される糞尿と水産廃棄物，さらに地域の生ゴミ，下水汚泥を混合でメタン発酵する取り組みは地域全体のグランドデザインとして検討されている（NEDO, 2009b）．これらは水産廃棄物処理と糞尿の両コストの削減につながるばかりでなく地域の土木建設業などとも協調した新しい産業の創出といった新たな側面がある．家畜糞尿と水産廃棄物の混合発酵は有機物の有効利用の観点から効果的な手段であるが，循環資源として圃場還元を考える場合，混入する重金属などにも考慮す

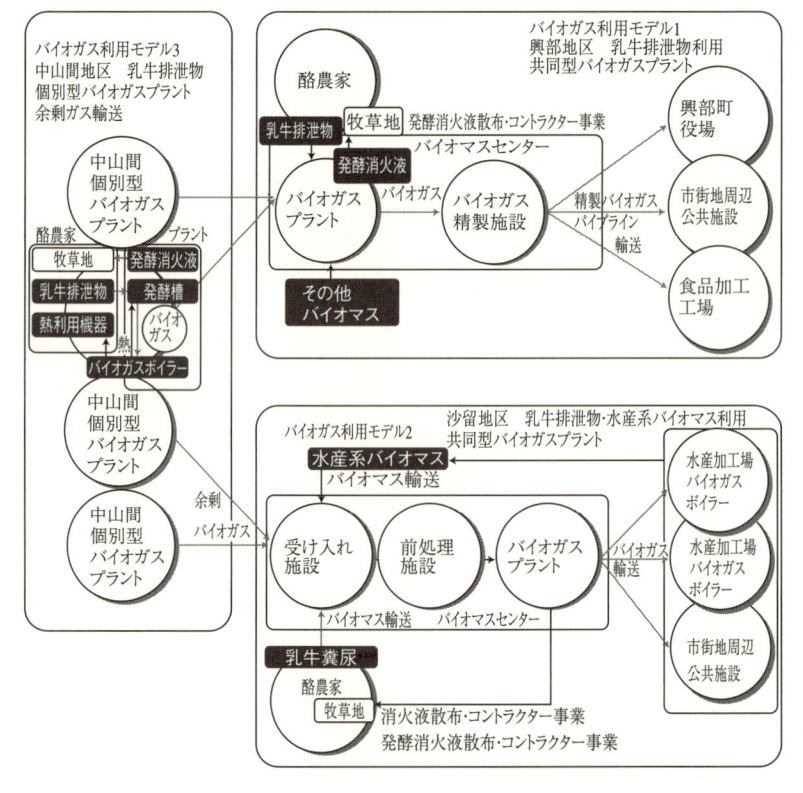

図3-3 バイオガスプラントを核とした水産・酪農資源循環システムの概念

る必要がある．また，家畜糞尿は年間を通して排出量，性状に大きな変化がないのに対して水産廃棄物は多様であり，季節変動が大きい．これからの低炭素循環型社会の構築にむけ今後さらに水産分野と酪農分野の連携が必要になると考える．

参 考 文 献

Aoki, K., K.Umetsu, K.Nishizaki, J.Takahashi, T.Kishimoto, O.Hamamoto and T.Misaki (2006): Thermophilic biogas plant for dairy manure treatment as combined power and heat system in cold regions, Green house gases and animal agriculture, ICS 1293, 238-241.

菊池貞雄・梅津一孝（2011）：積雪寒冷地における集中型バイオガスプラントの構築，農業施設，41．

木村義彰・梅津一孝・高畑英彦（1994）：メタン発酵処理がエゾノギシギシ（*Rumex obtusifolius L.*）種子の生存率に及ぼす影響，日本草地学会誌，40，165-170．

長澤徹明・井上 京・梅田安治・宗岡寿美（1995）：北海道東部の大規模酪農地域における河川の水質環境，水文・水資源学会誌，8，267-274．

NEDO（2009a）：日高地区の重金属含有タコゴロに対する無毒化処理バイオマスエネルギー活用実証試験事業，NEDO バイオマス等未活用エネルギー実証試験事業・同事業調査．

NEDO（2009b）：興部町地域におけるバイオガス利用技術導入具体化検討調査，NEDO 平成 21 年度　地域新エネルギー・省エネルギー策定等事業重点テーマに係る詳細ビジョン策定調査．

西崎邦夫，梅津一孝，高橋潤一，安達淳治（2002）：バイオガス利用燃料電池に関する研究，農業機械学会誌，64，154-156．

宗岡寿美・長澤徹明・井上 京・山本忠男（2000）：北海道の酪農流域河川における窒素流出と水質保全，農業土木学会誌，68，1-4．

押田敏雄・柿市徳英・羽賀清典（1998）：畜産環境保全論，養賢堂．

志賀一一・藤田秀保（1992）：環境汚染に取り組む EC 酪農，酪農総合研究所．

梅津一孝（1999a）：バイオガスプラントによる家畜糞尿の有効利用，北海道草地研究会報，33．

梅津一孝（1999b）：家畜糞尿から熱と電気を生産するバイオガスプラント，サイアス 10 月号，朝日新聞社．

Umetsu. K., R.Kondo and M.Tani (2002): Fertilizer value of anaerobically co-digester dairy manure and food processing wastes, Takahashi, J., Young, B. A. (Editors): Greenhouse Gases and Animal Agriculture, Elsevier Science, pp.331-342.

Umetsu, K., Y.Kimura, J.Takahashi, T.Kishimoto, T.Kojima and B.Young (2005): Methane emission from stored dairy manure slurry and slurry after digestion by methane digester, *Animal Science Journal*, 76, 73-79.

梅津一孝・長谷川晋・菊池貞雄・竹内良曜（2005）：バイオガスシステムの経済的・工学的評価分析―費用・エネルギー・環境負荷の評価―，農業経営研究，42．

4章

畜産系（2）
—テンサイシックジュース・チーズホエー混合原料からのバイオエタノール生産

小田有二

　地球温暖化の防止に向けた取り組みとして，世界各国で植物に由来するバイオ燃料の導入が急速に進んでいる．わが国でもエタノール混合ガソリンの本格的な普及のために，農作物を原料とした燃料用エタノール（バイオエタノール）の実証規模による生産が開始された．通常，原料中の糖質をエタノールへと変換するには，酵母 *Saccharomyces cerevisiae* が使用されている．この酵母は，テンサイやサトウキビに含まれるスクロースを自らグルコースとフルクトースに分解して発酵する．トウモロコシ，米，小麦，バレイショなどに含まれるデンプン質を原料とする場合には，アミラーゼなどによって酵母が容易に発酵可能なグルコースにまで加水分解する．

　植物以外でエタノール製造の原料として豊富に存在する資源にチーズホエーがある．チーズホエーとは，生乳を凝固させてチーズを製造する際に副生する液体のことで，主成分はグルコースとガラクトースそれぞれ1分子からなる二糖のラクトース，ホエータンパク質，無機塩類およびビタミンなどである．本章では，筆者らによるテンサイシックジュース（濃縮汁）とチーズホエーを混合した原料からバイオエタノールを生産する取り組みについて紹介したい．研究の概要は図4-1の通りである．

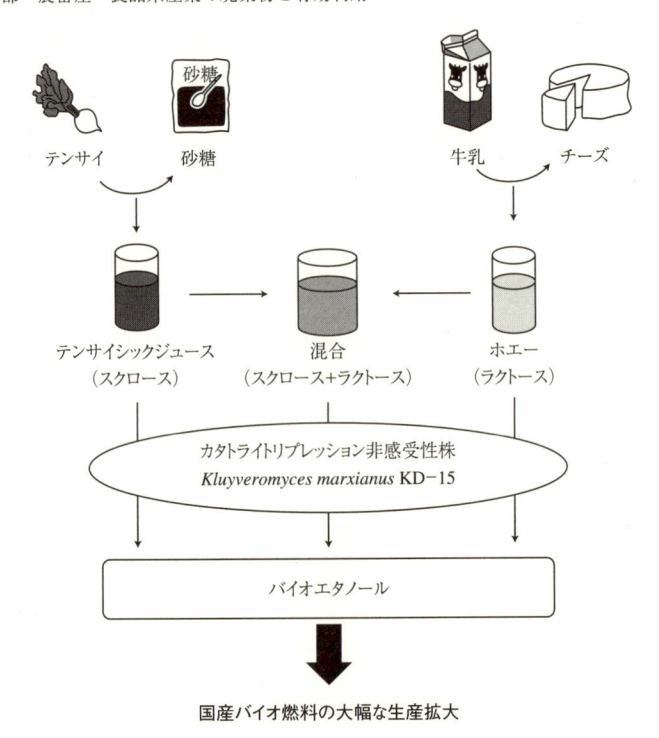

図4-1 研究の概要

§1. チーズホエーとその利用

　世界におけるチーズの年間生産量は 1,760 t（2005 年）であることから，副生するホエーはその 9 倍に相当する 16,000 t と推定される．その BOD は 30〜50 g/l，COD は 60〜80 g/l であり（González-Siso, 1996），し尿の BOD（8〜15 g/l）および COD（3〜9 g/l）を上回る．高い汚染度の原因となっているのはラクトースで，ホエー中のタンパク質を回収しても COD は 10 g/l 程度しか減少しない．このような状況からホエーの積極的な利用が推奨されている（González-Siso, 1996）．
　液体状での利用では家畜の飲料としての供給が知られており，ホエー中に含まれる免疫タンパク質や乳酸菌によって，家畜の健康状態および肉質が向上する．

イタリアのパルマ地方名産のパルマ豚は，同地方のチーズであるパルミジャーノ製造時のホエーを飲ませて飼育しており，高級豚肉としてブランド化されている．日本では，北海道十勝地方南部の小規模チーズ工房と近隣の農場との連携によって，ホエーを飲用させたホエー豚生産が行われている．ホエーの乾燥装置をもたない小規模なチーズ工房では有効な利用方法となっていると同時に，生産された豚肉は地域特産品にもなっている．

濃縮ホエーおよび粉末ホエーは主に食品素材として，分離後のラクトースは精製を経て乳児用ミルクならびに医薬品添加物などに利用され，限外ろ過によって分離した濃縮タンパク質は，健康食品などの食品素材として販売されている．限外ろ過したパーミエートは糖源として微生物の培養に利用され，菌体および様々な物質が生産されている．

§2. チーズホエーからのエタノール生産とその問題点

チーズホエーからエタノールの製造は1970年代に始まっており，技術的には完成の域に達している（Ahmed and Morris, 1991）．ニュージーランドでは，すでにホエー中のタンパク質を除去後に濃縮したホエーパーミエートから年間2万klのエタノールを製造している．これらは酒類，食品，医薬品および工業用途以外に，バイオ燃料用としても利用されている．

酵母 S. cerevisiae はラクトースを発酵できないため，チーズホエーからエタノールを製造するには，上記で述べたニュージーランドを含めて Kluyveromyces marxianus などのラクトース発酵性酵母を使用することが多い（Ling, 2008；Ozmihci and Kargi, 2007b）．組み換えDNA技術によってラクトース発酵性遺伝子を導入した S. cerevisiae を使用する方法（Domingues et al., 2001）や，チーズホエー中のラクトースを酵素製剤によってグルコースとガラクトースに分解した後，S. cerevisiae で発酵させる方法（Compagno et al., 1995）も報告されている．

チーズホエー中のラクトース量は1〜5％（w/v）と低く，このままの状態で発酵させるとエタノール濃度が0.5〜2.5％（w/v）にしかならないため，生産効率が悪い．ホエーパウダーを使用して培地の糖濃度を高めることもあるが，乾燥には化石エネルギーを消費することになる．もっとも簡便な方法は，製糖工

程で発生する糖蜜やシックジュースなどの高糖濃度原料（図4-2）をチーズホエーで希釈して使用することである．ここで問題となることは，グルコースやスクロースの存在下におけるラクトース代謝系酵素の発現抑制，いわゆるカタボライトリプレッションが起こることである（Rubio-Texeira, 2006；Verstrepen *et al.*, 2004）．グルコースやスクロースが消費された後，徐々にラクトース代謝系酵素が発現し始めるため，所定の時間内に発酵が完了しないのである．同様の現象は，組み換えDNA技術によってラクトース発酵性遺伝子を導入した *S. cerevisiae* でも起こりうる．

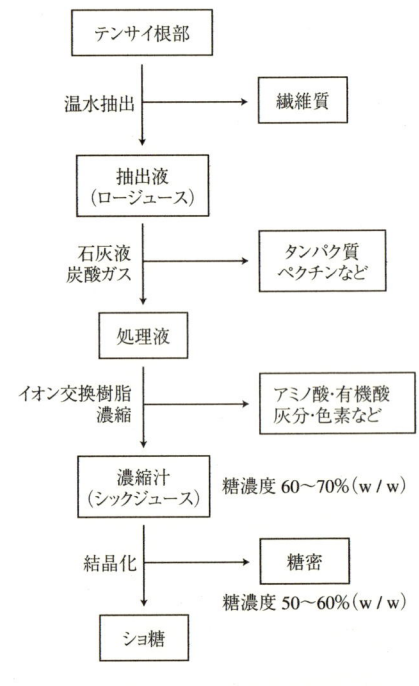

図4-2 テンサイからショ糖の製造工程

チーズホエー中のラクトースを酵素分解したグルコースとガラクトースの混合液に通常の酵母 *S. cerevisiae* を接種すると，カタボライトリプレッションを受けてグルコースのみを代謝する．これまでに2-デオキシグルコース（2-DOG）を含むガラクトースを主要糖源とする最小培地において生育可能な *S. cerevisiae* の2-DOG耐性株の中からグルコースとガラクトースの両方を迅速かつ完全に発酵する菌株が見出されている（Bailey *et al.*, 1982）．グルコースの構造アナログである2-DOGはグルコースと同様にカタボライトリプレッションを引き起こすが，代謝されないためにガラクトースの利用を阻害する（Sanz *et al.*, 1994）．2-DOG耐性株の中には，カタボライトリプレッションの影響を受けない菌株が出現したと考えられる．本研究では，このような2-DOG変異株を *K. marxianus* から分離することにした．

§3. 酵母 *Kluyveromyces marxianus* について

 Kluyveromyces とは, 酒類や発酵食品の製造に使用される酵母 *S. cerevisiae* を含む *Saccharomyces* とともに Saccharomycetaceae 科を構成する属の一つである. 現在, この属は *K. aestuarii*, *K. dobzhanskii*, *K. lactis*, *K. marxianus*, *K. nonfermentans*, *K. wickerhamii* の6種を包括しており, *K. marxianus* が基準種となっている（Kurtzman, 2003）. ラクトース資化性のモデル真核生物として研究対象となっているのは *K. lactis* であるが, *K. marxianus* は産業利用する上での有用形質を数多く備えている（Fonseca *et al.*, 2008）. その第一は様々な基質で生育可能な能力であり, イヌリンやペクチンなどの多糖類分解酵素を分泌する. また, キシロースをエタノールへと変換可能な菌株もあるとされている. 第二は高温発酵性であり, 発熱に伴う温度上昇を防ぐための冷却コストを削減できる可能性がある. 第三はクラブトリー効果陰性であり, 好気培養による物質生産に適している. さらに, *S. cerevisiae* や *K. lactis* と同様に, 一般に安全と認められている（GRAS=Generally Regarded As Safe）菌株もある.

 これまでに *K. marxianus* には, チーズホエー（Ozmihci and Kargi, 2007a；Szczodrak *et al.*, 1997；Vienne and Stockar, 1983）およびサトウキビ搾汁（Limtong *et al.*, 2007）からのエタノール生産性に優れた菌株がそれぞれ別々に見出されている. 高温耐性発酵菌として分離された *K. marxianus* IMB3 は, ラクトースおよびスクロースからのエタノールを生成するが, 糖蜜を原料としたときのエタノール生産性はあまり高くない（Singh *et al.*, 2007）.

§4. カタボライトリプレッション非感受性株の分離およびその性質

4-1 親株の選抜

 製品評価技術基盤機構保有の各種 *K. marxianus* 菌株をテンサイ糖蜜またはホエーパウダーを含む糖濃度20％（w/v）の培地で培養し, 生成エタノール量を比較した. 培地に含まれる20％（w/v）のスクロースまたはラクトースがすべてエタノールへと変換されるとすると, その生成量は理論的に108（mg/ml）

となる。生成エタノール量は8〜90（mg/ml）と菌株間に大きな差異が認められたが，糖蜜培地およびホエーパウダー培地のいずれにおいても生成エタノール濃度が高かった菌株は，*K. marxianus* NBRC 1735 および NBRC 1963 の2株であった。これらの両株は培地の糖蜜とホエーを等量混合すると生成エタノール量は半分まで減少し，その他の菌株にも同様の傾向がみられた。この減少は，培地中のスクロースから生成するグルコースとフルクトースによってカタボライトリプレッションが起こり，ラクトースの代謝を抑制しているためと推察された（Oda and Nakamura, 2009）。

4-2 変異株の分離

K. marxianus NBRC 1963 から 2-DOG を含む最少培地において，10^{-10} の頻度で出現した変異株8株（KD-12〜KD-18）を分離した。これらの 2-DOG 耐性株の中には，糖蜜培地およびホエーパウダー培地での生成エタノール量が親株の NBRC 1963 よりも低いものがある一方で，糖蜜・ホエーパウダー混合培地において NBRC 1963 を上回るものもあった。そのうち KD-15 と NBRC 1963 を比較した結果を図4-3に示す。糖蜜培地およびホエーパウダー培地において，KD-15 は NBRC 1963 よりも立ち上がりが遅れるものの徐々にエタノールを生成した。糖蜜培地での最終的な生成エタノール量がホエーパウダー培地よりも15%程度少ないのは，糖蜜によって酵母の生育が阻害されているためと考えられる。糖蜜・ホエーパウダー混合培地において，NBRC 1963 の生成エタノール量は培養24時間に44 mg/ml で停止し，それ以降に増加することはなかった。一方，KD-15 では，糖蜜培地における発酵速度が NBRC 1963 よりも遅く，生成エタノール量が最高に達するまで120時間を要したが，その水準は NBRC 1963 と同程度であった。ホエーパウダー培地においては NBRC 1963 とほぼ同様にエタノールを生成した。また，混合培地において，KD-15株の生成エタノール量は120〜144時間で一定となり，糖蜜培地と同等の75 mg/ml に達した（Oda and Nakamura, 2009）。

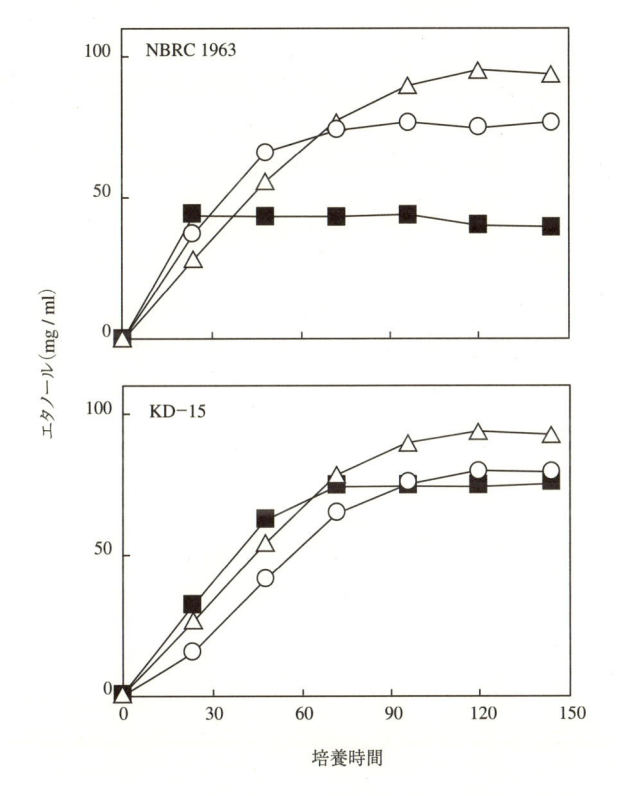

図4-3 *K. marxianus* NBRC1963 および KD-15 の 3 種類の培地における
生成エタノール量の変化（Oda and Nakamura, 2009）
○：糖蜜培地, △：ホエーパウダー培地, ■：混合培地

4-3 酵素活性の発現

　ラクトースの分解に関与する β-ガラクトシダーゼについて調べたところ，NBRC 1963 および KD-15 ともにホエーパウダー培地における活性は培養120時間目に上昇してから急減，糖蜜培地における活性は低水準でほぼ一定という類似の傾向を示した（図4-4）．混合培地における活性は両菌株で大きく異なり，KD-15 の活性は変動するものの NBRC 1963 よりも 10 倍以上であった．KD-15 は糖蜜由来のスクロース存在下においても誘導物質であるラクトースがあれば β-ガラクトシダーゼを合成していることから，カタボライトリプレッション非感受性になっていると考えられる．

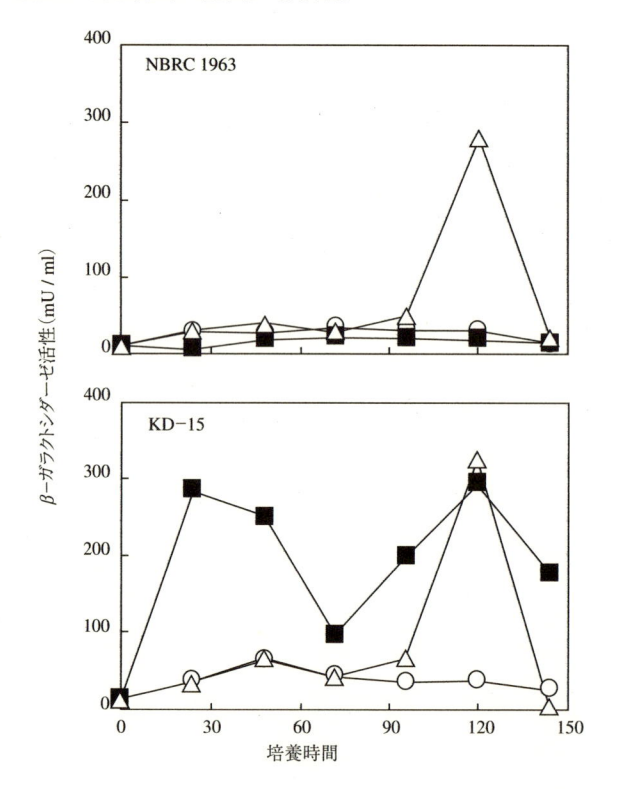

図 4-4　*K. marxianus* NBRC1963 および KD-15 の 3 種類の培地における
　　　　β-ガラクトシダーゼ活性の変化
　　　　○：糖蜜培地，△：ホエーパウダー培地，■：混合培地

　NBRC 1963 のインベルターゼ活性はいずれの培地でも培養開始直後から急減し，24 時間目以降はホエーパウダー培地および混合培地でほぼ一定，糖蜜培地で徐々に低下した（図4-5）．一方，KD-15 株では，糖蜜培地および混合培地において培養24時間で活性の上昇が見られた．このようなインベルターゼ活性の発現には，カタボライトリプレッション感受性と何らかの関係があるものと推察される．

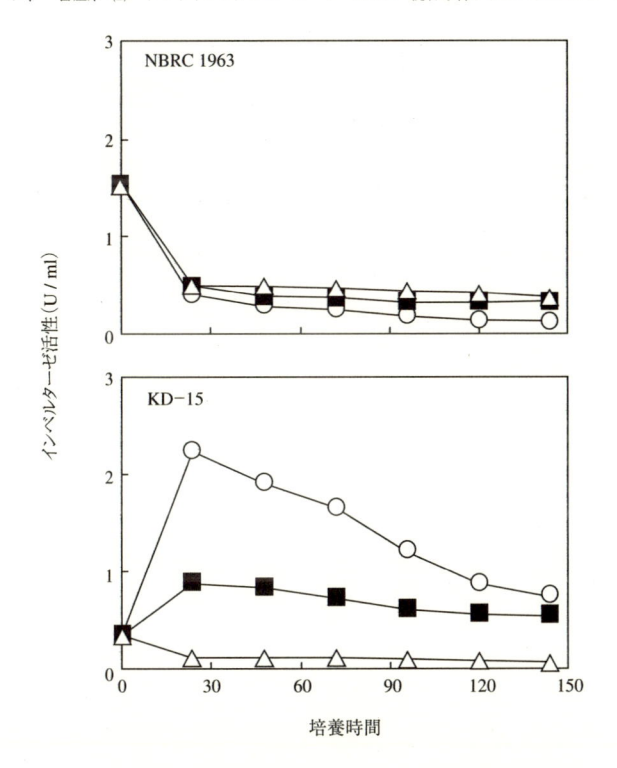

図4-5 *K. marxianus* NBRC1963 および KD-15 の3種類の培地における
インベルターゼ活性の変化
○：糖蜜培地，△：ホエーパウダー培地，■：混合培地

4-4 近縁酵母におけるカタボライトリプレッションの発現

カタボライトリプレッションの発現機構は，*S. cerevisiae* と *Kluyveromyces* 属酵母で類似していると予想される．*Kluyveromyces* 属酵母における研究は *K. lactis* に集中しているが，*S. cerevisiae* ほど進んでいない（Rubio-Texeira, 2005）．これらの酵母における大きな違いは，*K. lactis* におけるカタボライトリプレッションが *S. cerevisiae* の Mig1p に相当する KlMig1p に依存していないことであり（Georis et al., 1999），分類学的に近縁な *K. marxianus* も同様の可能性が高い（Kurtzman, 2003）．

K. lactis は *S. cerevisiae* 同様2種類のグルコース輸送機能をもっており（Billard et al., 1996），これは *K. marxianus* にも備わっている（Gasnier,

1987). *RAG4* 遺伝子によりコードされている Rag4p は，細胞外グルコース濃度が高いときにこれを感知し，また，グルコース低親和性のパーミアーゼをコードする *RAG1* 遺伝子の発現に必須である (Hnatova et al., 2008). この *RAG1* または *RAG4* を破壊すると，グルコースの存在下において β- ガラクトシダーゼを発現するようになる (Betina et al., 2001；Wiedemuth and Breunig, 2005). *K. lactis* においてカタボライトリプレッションからの解除には，Rag1p と Rag4p が関与するグルコースの取り込みが深く関係している.

4-5　2-DOG 耐性とカタボライトリプレッション非感受性

本研究で分離した 8 株の 2-DOG 耐性変異株のうち，糖蜜，ホエーパウダーおよびこれら等量混合のいずれの培地においても高いエタノール生産性を示したのは，KD-15 のみであった. 2-DOG 耐性は様々な機構によって獲得され，必ずしもカタボライトリプレッション非感受性を必要とするわけではない. 2-DOG-ホスファターゼ活性の増加は酵母細胞をカタボライトリプレッション感受性のままに 2-DOG 耐性を付与する (Randez-Gil et al., 1995). KD-15 は，スクロースとラクトースが混在する糖蜜・ホエーパウダー混合培地において β- ガラクトシダーゼが発現されていたことから，カタボライトリプレッション非感受性変異株であることは明らかである. KD-15 株のスクロースから生成したヘキソースの取り込みは NBRC 1963 よりも遅いことから，カタボライトリプレッションとヘキソース輸送系に何らかの関係があると推察される.

§5.　実用化に向けたエタノール発酵試験

テンサイ糖蜜とホエーパウダーは入手しやすく常温での長期保存が可能であることから，前項の実験で使用した. しかし，北海道でのバイオエタノール生産に使用されている原料は糖蜜ではなくシックジュースである. 一方，ホエーパウダーは食品素材として利用可能であり，問題となるのは乾燥前の液体，すなわち生チーズホエーのほうである. そこで，実用化を視野に入れてシックジュースおよび生チーズホエーを原料とした KD-15 の発酵試験を行った (Oda et al., 2010).

シックジュースを生ホエーのみで希釈して糖濃度 20% にするためには，ホエーはシックジュースの約 4 倍量必要となるが，工業生産する場合には常時それだ

け調達できないことも考えられる．各種容量の生ホエーで希釈した原料からの生成エタノール量を調べたところ，いずれの混合比率でも 95 mg/ml 以上であったので，これ以降はシックジュースを生ホエーのみで希釈した培地での実験を行った．

　エタノール生成に対する培養温度の影響について調べてみると，エタノール発酵速度は，30℃から37℃と温度の上昇するにつれて上昇したが，反対に生成エタノール量は低下した．培地中の残糖量を調べると，温度とともに増加していることから，生成エタノール量が減少した原因はエタノールの蒸発ではなく，糖の代謝能力の低下と推定された．

　次に，2l ファーメンターを使用してKD-15のエタノール生成に対する通気量の影響を調べた．通気量の増加とともに最大生成速度は上昇し，0.01 vvmでは培養72時間で最高エタノール濃度の 104 mg/ml，対糖収率48.7％となり，エタノール変換率は90.5％と算出された．通気量が 0.1 vvm になると最高濃度および対糖収率が低下した．このような現象は，K. marxianus が酸素の供給が制限されていないとエタノール発酵が進行しない通性好気性の性質に由来する（Fonseca et al., 2008）．通気量0.01 vvmでの発酵経過をみると，酵母細胞はスクロースを加水分解すると同時にグルコースおよびフルクトースを取り込み，その間にもラクトースを消費していた（図4-6）．このようなラクトースとスク

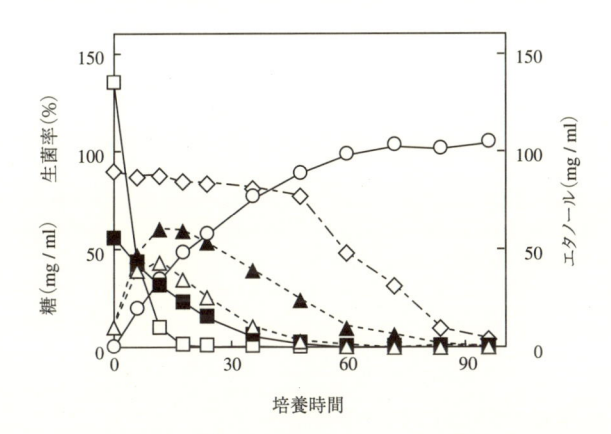

図4-6　2l ファーメンターにおける K. marxianus KD-15の発酵経過（Oda et al., 2010）
　　　○：エタノール，□：スクロース，■：ラクトース，△：グルコース
　　　▲：フルクトース，◇：生菌率

ロースを同時に発酵する特徴は，KD-15 がカタボライトリプレッション非感受性であることを意味している．細胞数は 3×10^8 個/ml から培養 24 時間で 5×10^8 個/ml とほぼ一定であったが，生菌率はエタノールの蓄積にともなって培養 48 時間以降急激に低下していた．一般に K. marxianus は S. cerevisiae と比較して，エタノール耐性が低いとされていることから，エタノール濃度が 90 mg/ml 以上では死滅するようである．

以上のように 2l ファーメンター規模でシックジュース・チーズホエー混合原料からエタノールを生産できることを確認したが，今後は培地中の菌体量を増やすことより発酵時間をさらに短縮化する必要がある．ここでの課題は，KD-15 が S. cerevisiae よりもエタノール耐性が低いことである．KD-15 はエタノール濃度が 90 mg/ml 以上になると生菌率が急激に低下したことから，実用化には糖濃度を 180 mg/ml 以下に抑えるなどの条件検討がさらに必要と考えられる．

本章は，農林水産省が実施する新たな農林水産政策を推進する実用技術開発事業「フレックス酵母による高効率エタノール生産技術の開発」（平成 20～22 年度）の研究成果を含む．

参 考 文 献

Ahmed, A. and D. Morris (1991)：Alcohol fuels from whey: novel commercial uses for a waste product. In "Alcohol fuels from whey: novel commercial uses for a waste product". Institute for Local Self-Reliance, Minneapolis, MN; Washington, DC.

Bailey, R. B., T. Benitez and A. Woodward (1982)：Saccharomyces cerevisiae mutants resistant to catabolite repression: use in cheese whey hydrolysate fermentation, *Appl Environ Microbiol*, 44, 631-639.

Betina, S., P. Goffrini, I. Ferrero and M. Wesolowski-Louvel (2001)：*RAG4* gene encodes a glucose sensor in *Kluyveromyces lactis*, *Genetics*, 158, 541-548.

Billard, P., S. Menart, J. Blaisonneau, M. Bolotin-Fukuhara, H. Fukuhara and M. Wesolowski-Louvel (1996)：Glucose uptake in *Kluyveromyces lactis*: role of the *HGT1* gene in glucose transport, *J. Bacteriol.*, 178, 5860-5866.

Compagno, C., D. Porro, C. Smeraldi and B. M. Ranzi (1995)：Fermentation of whey and starch by transformed *Saccharomyces cerevisiae* cells, *Appl Microbiol Biotechnol*, 43, 822-825.

Domingues, L., N. Lima and J. A. Teixeira (2001)：Alcohol production from cheese whey permeate using genetically modified flocculent yeast cells, *Biotechnol Bioeng*, 72, 507-514.

Fonseca, G. G., E. Heinzle, C. Wittmann and A. K. Gombert (2008)：The yeast *Kluyveromyces marxianus* and its biotechnological potential,

Appl Microbiol Biotechnol, 79, 339-354.

Gasnier, B. (1987) : Characterization of low- and high-affinity glucose transports in the yeast *Kluyveromyces marxianus*. *Biochim. Biophys. Acta*, 903, 425-433.

Georis, I., J. P. Cassart, K. D. Breunig and J. Vandenhaute (1999) : Glucose repression of the *Kluyveromyces lactis* invertase gene *KlINV1* does not require Mig1p. *Mol. Gen. Genet.*, 261, 862-870.

González-Siso, M. I. (1996) : The biotechnological utilization of cheese whey: a review. *Bioresour. Technol.*, 57, 1-11.

Hnatova, M., M. Wesolowski-Louvel, G. Dieppois, J. Deffaud and M. Lemaire (2008) : Characterization of *KlGRR1* and *SMS1* genes, two new elements of the glucose signaling pathway of *Kluyveromyces lactis*, *Eukaryot. Cell*, 7, 1299-1308.

Kurtzman, C. P. (2003) : Phylogenetic circumscription of *Saccharomyces*, *Kluyveromyces* and other members of the Saccharomycetaceae, and the proposal of the new genera *Lachancea*, *Nakaseomyces*, *Naumovia*, *Vanderwaltozyma* and *Zygotorulaspora*, *FEMS Yeast Res.*, 4, 233-245.

Limtong, S., C. Sringiew and W. Yongmanitchai (2007) : Production of fuel ethanol at high temperature from sugar cane juice by a newly isolated *Kluyveromyces marxianus*, *Bioresour. Technol*, 98, 3367-3374.

Ling, K. C. (2008) : Whey to ethanol : A biofuel role for dairy cooperatives? In "Whey to ethanol: A biofuel role for dairy cooperatives?". USDA Rural Development, Washington, D. C.

Oda, Y. and K. Nakamura (2009) : Production of ethanol from the mixture of beet molasses and cheese whey by a 2-deoxyglucose-resistant mutant of *Kluyveromyces marxianus*, *FEMS Yeast Res.*, 9, 742-728.

Oda, Y., K. Nakamura, N. Shinomiya and K. Ohba (2010) : Ethanol fermentation of sugar beet thick juice diluted with crude cheese whey by the flex yeast *Kluyveromyces marxianus* KD-15, *Biomass Bioenergy*, 34, 1263-1266.

Ozmihci, S. and F. Kargi (2007a) : Comparison of yeast strains for batch ethanol fermentation of cheese-whey powder (CWP) solution, *Lett Appl Microbiol*, 44, 602-626.

Ozmihci, S. and F. Kargi (2007b) : Kinetics of batch ethanol fermentation of cheese-whey powder (CWP) solution as function of substrate and yeast concentrations, *Bioresour Technol*, 98, 2978-2984.

Randez-Gil, F., J. A. Prieto and P. Sanz (1995) : The expression of a specific 2-deoxyglucose-6P phosphatase prevents catabolite repression mediated by 2-deoxyglucose in yeast. *Curr Genet* 28, 101-107.

Rubio-Texeira, M. (2005) : A comparative analysis of the GAL genetic switch between not-so-distant cousins: *Saccharomyces cerevisiae* versus *Kluyveromyces lactis*, *FEMS Yeast Res*, 5, 1115-1128.

Rubio-Texeira, M. (2006) : Endless versatility in the biotechnological applications of *Kluyveromyces LAC* genes, *Biotechnol Adv*, 24, 212-225.

Sanz, P., F. Randez-Gil and J. A. Prieto (1994) : Molecular characterization of a gene that confers 2-deoxyglucose resistance in *yeast*, Yeast, 10, 1195-1202.

Singh, R. S., R. Dhaliwal and M. Puri (2007) : Production of high fructose syrup from *Asparagus* inulin using immobilized exoinulinase from *Kluyveromyces marxianus* YS-1, *J Ind Microbiol Biotechnol*, 34, 649-655.

Szczodrak, J., D. Szewczuk, J. Rogalski and J. Fiedurek (1997) : Selection of yeast strain and fermentation conditions for high-yield ethanol production from lactose and concentrated whey, *Acta Biotechnol*, 17, 51-61.

Verstrepen, K. J., D. Iserentant, P. Malcorps, G. Derdelinckx, P. Van Dijck, J. Winderickx, I. S. Pretorius, J. M. Thevelein and F. R. Delvaux (2004): Glucose and sucrose: Hazardous fast-food for industrial yeast?, *Trends Biotechnol*, 22, 531-537.

Vienne, P. and U. V. Stockar (1983): Alcohol from whey permeate: strain selection, temperature, and medium optimization, *Biotechnol Bioeng Symp*, 13, 421-435.

Wiedemuth, C. and K. D. Breunig (2005): Role of Snf1p in regulation of intracellular sorting of the lactose and galactose transporter Lac12p in *Kluyveromyces lactis*, *Eukaryot. Cell*, 4, 716-721.

5章

食品系
―食循環の視点から見た有効利用の現状と課題

薮下 義文

　デンマーク工科大学のトルガー・ボレッセン教授は，2001年に京都市で開催された日本水産学会のサテライト・シンポジウムで次のように語っている．

　資源の管理が十分に，しかも，注意深く実施され，海洋生物種の技術的開発が将来まで保証されることが大事である．漁船のデッキに揚げられたものすべてが，最適に利用され，廃棄部分が残らないことが大事である．（中略）．FAOによると，世界の漁獲量のうち，2,500万tから3,000万tが処理中の不適当な作業で失われている．漁獲作業がどうあるべきかは，販売を目的とする魚介類を対象とするが，同じように，いや，もっと重要なのは，今，利用されていない投棄魚などに対し，最適の経済性が発揮されることである（Boerresen, 2004）．

　これは，同教授が，水産物が漁場から消費者の食卓に上るまでの一連の流れの中で，上流部門での水産資源の有効利用の重要性について指摘したものである．一方，水揚げされた魚が加工され，食品小売りや外食産業にいたるサプライチェーンや，店舗販売のあるフードチェーンについては，「魚介類の有効利用」が十分考察されているとはいえない．こうした状況下，筆者は，フードチェーンにおける魚介類の消費実態から始め，食品廃棄物となってリサイクルされる「リサイクルチェーン」にいたるまでの流れにおいて魚介類の有効利用の現状と課題をまとめ，併せて他種品目のそれについても述べる．

§1. フードチェーンからの上流への遡及

　日本人は，今，どんな魚をどれくらい消費しているのだろうか．シダックス株式会社は，農林水産省の補助事業として，食事バランスガイドに沿って携帯電話で食事バランスをチェックするシステムを開発した．対象者の，生活圏エリアを三つ（会社圏，学校圏，そして，居住圏）に分け，それぞれのエリアで，開発システムの実証を行ったが，ここで得られた消費データから魚介類の消費実態を分析してみた．消費実態の調査によると，1人1日当たりの魚介および海藻類の消費量は，平均で64 g である．最も多かった魚介類はサケで，第2位がエビである．3位がマグロで，すしだねとして消費者の人気が高い．昨年来，資源保護の観点から世界各国でクロマグロに漁獲規制がかかっているが，当調査でもわかるように，消費者のマグロ嗜好が高いことと相応している．さらに，10位までをあげると，第4位がサバ，第5位がサンマ，第6位がイカ，そして，カジキマグロ，アジ，サワラ，タラの順となっている（表5-1）．

§2. 調理スタイルの変化に伴う魚介類廃棄物のバランス

　わが国の食用魚介類の需要に占める輸入の割合は約50％であり，輸入量の拡大に伴い輸入先国の数も広がっている．こうした中，調理スタイルが切り身中心に移行するのに伴い，水産物貿易の形態も大きく変化してきている．水揚げ

表5-1　1人1日当たりの魚介類消費量と順位

順位	魚介類名	消費量 (g/日/人)	順位	魚介類名	消費量 (g/日/人)
1	サケ	8.1	11	ハマチ	1.6
2	エビ	7.5	12	イワシ	1.2
3	マグロ	6.0	13	ちくわ	1.2
4	サバ	5.1	14	ハンペン	1.2
5	サンマ	5.0	15	ホタテ	1.0
6	イカ	3.3	16	メンタイコ	0.9
7	カジキマグロ	2.9	17	カキ	0.8
8	アジ	2.8	18	ホキ	0.8
9	サワラ	1.9	19	タコ	0.8
10	タラ	1.7	20	カレイ	0.8

した国が原料魚の形でそのまま輸出するのではなく，漁獲国で切り身に加工して輸出する．そして，一歩進んで，労賃が安く，日本に近接した中国，タイ，ベトナムで加工して日本に輸出する形態が増えている．こうした国際的な貿易形態の変化を受けて，魚介類のゼロエミッションに向けて，日本の水産会社は，日本国内だけでなく，水揚げした国や加工国での水産廃棄物の利用という課題に取り組んでいかないといけない．

　消費順位で第1位のサケ・マス類で見ると，年間の国内消費量は，47.2万t，内，輸入は20.2万t，国別には，チリから14.7万tを輸入しているが，チリから，中国，タイ，ベトナムに一旦，輸出され，そこで，加工した後，日本に輸入されたものが，5万tくらいあるので，原料魚ベースでは，日本の輸入はほとんどがチリに依存していることになる（2006年）．

　チリでのサケ・マス生産は，日本政府がチリ政府との間で技術協力の協定を締結したことから始まり，その後，日魯漁業（現マルハニチロホールディングス）[*1]が養殖事業を行い，現在も操業を継続しているのは日本水産[*2]であり，実際の操業はその子会社であるサルモネス・アンタルティカ（SA社）である．同社は，トラウトサーモン，ギンザケ，アトランティックサーモンの3種を生産，選抜した親魚から採卵し，淡水での種苗育種，海面での飼育，給餌，製品の加工，販売に加え，養魚用配合飼料工場を設置して自社供給するなど養殖一貫事業を展開している．

　チリで生産されたサケ・マス類のうち，日本向けには加工工場で頭，エラ，内臓を除いた切り身の形で真空パックをした上，冷凍して輸出される．加工工場で除去された残渣の重量は，原料魚重量のほぼ半分に相当するので，チリ全体で年間約30万t発生している．この残渣の70％の約20万tがリサイクルされている．養殖場を有するペスクエラ・パシフィック・スター社を中心にリサイクル処理が行われている．その工程は，乾燥と魚油抽出であり，魚油のほかにフィッシュミールが生産される．そのリサイクル品の7割がブラジルを中心に輸出され，ペットフードや養殖エビ，その他のサケ以外の養殖，畜産用飼料に活用されている．残りの3割はチリ国内で養鶏，養豚の飼料に活用されている（佐久間，2007）．残渣の30％，約9万tは，再利用されずに処分されている．

＊1：http://www.maruha-nichiro.co.jp/csr/pdf/2010_04.pdf
＊2：http://www.nissui.co.jp/frontier/18/02.html

調理場では，調理時間の制約や細菌などの二次汚染防止のため通常，魚介類のカット作業は行なっていない．したがって，給食に限らず，外食のフードチェーンでは，切り身，開きなどの一次加工を行なって，可食部のみを購入している．この傾向は，家庭での調理にも広がっている．一方，原料魚の原産地は，輸入と国産が半々であるため，水揚げ地が海外のみならず，一次加工も労賃の安い海外に立地する傾向にある．また，フライ用として，原料に衣を付けたりする二次加工も海外に立地されている．調理場では，単に，揚げるだけの作業だけでいいようになってきている．一次加工での廃棄率は，約50％であるが，消費量上位の給食，外食用のサケ，マグロ，サバは，ほとんどが海外で水揚げされ，かつ，海外で一次加工されているので，調理くずは野菜のように調理現場で発生せず，海外の加工工場で発生している．

調理スタイルの変化，水産物の海外依存度の上昇，こうした変化を受けて，わが国で消費される魚介類の廃棄物はどのようなバランスになっているのだろうか．原魚ベースで見ると，年間500万tが輸入されるとすると，一次加工品ベースで，250万tが輸入され，海外の加工工場で250万tの魚介廃棄物が発生していることになる（表5-2）．一方，国内加工に伴って，魚介類廃棄物は，サプライチェーンでは年間250万t発生し，フードチェーンや家庭での食べ残しを中心とした廃棄物は140万t発生していると推計される．これらの国内での発生に応じて，再利用の割合は約5割で，焼却，埋め立てによる処分量は年間205万tに上り，環境負荷を低減するために再利用を拡大するように，あらゆる手だてを検討して，進めていかねばならない（表5-3）．

表5-2　わが国が消費する魚介類の廃棄物発生量　　　　（万t/年）

	サプライチェーン	フードチェーン・家庭	計
海外加工分	250	0	250
国内加工分	250	140	390
計	500	140	640

表5-3　国内の魚介類廃棄物の発生，再利用，処分量　　　（万t/年）

	サプライチェーン	フードチェーン・家庭	計
発生	250（100%）	140（100%）	390（100%）
再利用	175（70%）	10（7%）	185（47%）
処分	75（30%）	130（93%）	205（53%）

§3. リサイクルチェーンの現状と問題点

3-1 法的な枠組

　社会全体のゼロエミッションを目指す取り組みは，本年で丁度，11年目を迎える．食のゼロエミッションの法的枠組は，一般市民の高い期待を集めて，2001年にスタートした．2007年のリサイクルの実績で見ると，食品製造業は81%と高い一方，フードチェーンの小売業や外食業は各，35%，22%と低く，遅々として進んでいない．

　食品リサイクル法は2007年6月に改正され，同年12月に施行された．改正の主な内容は次の通りである．①年100 t以上の食品廃棄物を出す事業者に，発生量やリサイクル状況を毎年報告するよう義務付ける（同法第9条第1項）．②個別の事業者にリサイクル率（発生抑制，減量および再利用を含む）を毎年1〜2ポイントずつ高めるよう求め，達成できなければ農林水産省が指導・勧告できるようにする（「食品循環資源の再生利用等の促進に関する食品関連事業者の判断となるべき省令の改訂」，財務・厚労・農水・国交・環令，2007年12月）．③これまで業種を問わず一律20%としてきたリサイクル率目標を大幅に引き上げ，2012年度に，食品製造業で85%（2005年度実績は81%），食品卸売業で70%（2005年度実績は61%），食品小売業で45%（2005年度実績は31%），外食業で40%（2005年度実績は21%）と業種ごとに目標を定めた（「食品循環資源の再生利用等の促進に関する基本方針の改定」，官庁報告，2007年12月）．リサイクル率が低い小売業や外食業の取り組みを促す狙いがある．これらの目標は業界ごとの目標であるが，個別の食品関連事業者が達成しなければならないリサイクル率の目標は，外食業で，2007年度に20%の実績となった企業を例にとると，次の通りである．2007年度は20%（2007年度のリサイクル実績が20%未満は20%とする），2008年度は22%，2009年度は24%，2010年度は26%，2011年度は28%，2012年度は30%である．毎年増やさないといけない増加ポイントは，2007年度のリサイクル実績ごとに設定されていて，20%以上から50%未満の企業は毎年2%ずつ，50%以上から80%未満の企業で，毎年1%ずつ，80%以上の企業で維持向上をするようと規定されている．

　改正食品リサイクル法では，義務化目標を達成できない企業への厳罰規定も

織り込んでいるが，初年度の2008年度の実績を見ると，外食産業では，あいかわらず20〜30％と低調である．

3-2 わが国でリサイクルが進まない理由

家庭，食品販売，そして，外食産業から排出される一般廃棄物のリサイクル率は，現在，約20％であるのに対し，ドイツでは50％を超えている．リサイクル先進国のドイツの事情を少し紹介しながら，わが国でリサイクルが進まない理由を述べる（藪下，2008）．

1）廃棄物処理清掃法が足枷になっている

廃棄物処理清掃法（以下，廃掃法と略）の網が焼却，処分だけでなく，リサイクルにもかかる．例えば，調理くず・食べ残しを飼料にするために，一次，二次の再生加工工程に輸送する場合には，市町村自体へ，もしくは，市町村の長が免許を与えた一般廃棄物の収集・運送業者に委託せざるを得ず，排出者の自由裁量で物流コストを削減することに手を付けられず，リサイクルのための物流コストの上昇が排出者にとって負担となってくる．食品リサイクル法で認められている広域輸送時における通過地域の免許不要措置も，途中で10市町村において食品廃棄物を収集する場合，10市町村で積み込みの許可を得なければならない．

食品リサイクル法などの個別法でリサイクル義務を課しながら，他方で廃掃法によってリサイクル向けの廃棄物の移動を厳しく取り締まっている．リサイクル法の所管は農林水産省などそれぞれの業界を主管する省庁で，一方，廃掃法の主管は環境省で，いわば，廃棄物管理の法令が分裂，二元化している．ちなみにドイツでは，法令は一本化され，リサイクル用の輸送には行政の許認可が不要である．

2）国民経済的に経済資源の配分が不適切だ

市町村が焼却向けには税金を投入して，低料金で廃棄物を事業者や家庭から引き取る一方，リサイクルには，インセンティブがなく，相対的に高額の負担感がある．わが国でリサイクルコストが，市町村の焼却コストに比べ，相対的に高くつくのは，逆に，市町村が高額の税金を投入して，家庭などの一般廃棄物は無料に設定するとともに，事業者の一般廃棄物の処理料金もコストに比べ極めて低いレベルに設定しているためである．

3) リサイクル品への第三者認証が不在である

リサイクルチェーンで流れる廃棄物を原料とするリサイクル品（肥料，飼料など）への信頼度を増す仕組みが欠如している．民間企業がリサイクルに取り組む時，しばしば聞く話であるが，例えば，食品廃棄物をコンポスト（堆肥）にして農家にもって行こうとしたら，農家からコンポストの使用は収穫への影響が不安なので収穫保証の契約をしてほしいと言われ，リサイクルが進まなかったということがある．現在，普及している化学肥料は確かに少量の施用で済み，使い易いが，他方，コンポストは，土壌の物理性を改善，地中の微生物を活性化するなど多くの利点がある．問題は，供給されるコンポスト製品の品質が客観的に評価されていないことである．いくら循環型社会を実現すると言っても，使われない商品では意味がない．一方，ドイツではコンポストが製品として広く流通するための品質基準が策定され，全国のコンポスト・メーカー500社のうち300社がコンポストの品質認証を受けている．リサイクル品を客観的に保証する制度のあるドイツでは，農家が安心してリサイクル品を使用できるため，食品廃棄物を原料としたコンポストの生産量は日本の3倍以上の規模となっている．

§4. 給食産業でのリサイクルへの取り組み

4-1 食品廃棄物の発生状況

一体，日本人が1回の食事をしたら，どれくらいの食品廃棄物が排出されているのだろうか．筆者の勤務するシダックスでは，リサイクル計画を検討するために給食サービスを行っている全国の2,000以上の店舗での排出状況を調べてみた．昼食を中心に調理過程の廃棄物，食べ残しも含め1人当たり170 gが排出され（表5-4)，全国合計で，1年間で17,800 tもの食品廃棄物が排出されている．生ゴミ部分は，1人当たり，約90 gで，その発生場所は，調理くずが3割の27 g，食べ残しが7割の63 gである．この廃棄物の処分に要する費用は

表5-4 1人1食当たり廃棄物の発生量 （g）

計	170	100%
生ゴミ	94.7	55.6
段ボール	18.8	11
ビン・缶	16.4	9.7
廃油	15.9	9.4
紙くず	13.7	8.1
プラスチック	10.5	6.2

年間3億8,000万円の高額に上っている．また，全国の同業者を合計すると年間120万tと，事業系の食品廃棄物全体の13％が給食の過程から発生していることになる．

4-2 食品廃棄物のリサイクル

2001年9月のBSE発生以降，牛に対しては動物由来のタンパク質および油脂の利用が禁止され，動物由来のタンパク質や油脂は，鶏・豚・養魚用に対しても利用が禁止・制限されている．2005年4月以降，反すう動物用飼料の製造工程とそれ以外の飼料の製造工程の分離が法的に規制された．こうした措置を受けて，生ゴミの配合飼料化が止まった．しかし，その後，配合飼料製造での専用ラインが義務化されるのに伴って生ゴミの配合飼料化が可能となった．鶏用配合飼料向けの生ゴミ利用を積極化する段階にきている．

食品廃棄物のリサイクルが進まないのは再生加工品の利用者が確保されていないからである．排出者である食品関連事業者（シダックス）と養鶏事業者が有機的に連携し，調理くず・食べ残しなどの未利用資源の循環の輪を構築するためのシステム開発を検討した．すなわち，リサイクル事業として食品廃棄物の半分以上のウェイトを占める調理くず，食べ残しを対象とし，地域的には関東圏の700店舗を対象に100％回収を図る．回収量は1日当たり17t，月間410t，年間4,920tと膨大な量にのぼる．調理くずと食べ残しを収集し，中間処理を施して，最終的に養鶏，養豚場に輸送し，飼料として活用するというものである．

当プランの特色は大量リサイクルにある．養鶏事業者の養鶏向け飼料として調理くず，食べ残しの使用比率を20％まで引き上げる．大手の事業者では飼料の使用量は日量300tに対し，20％の60tまで引き上げられる（ウェット・ベースでは240t相当）．シダックスの1日当たりの全国発生量40t全量の使用が可能となる．部分ではなく，全量100％回収し，使用することが本計画の最大のポイントである．調理くず，食べ残しの輸送に食材配達の帰り便を使用し，輸送費ゼロ化を図る．養鶏の飼料に調理くず，食べ残しの使用比率を引き上げることによって農産品の品質の向上の面でも効果が期待できる．図5-1に養鶏飼料へのリサイクル比率を示す．

このプロセスにはどんな技術開発要素があるかというと，食品リサイクルの

ネックとなっている高コストを，食材配達の帰り便を使用することによって，コストアップを抑制することにある．現在使用している食材輸送車は，HACCP対応のシステム車にて，食品廃棄物を回収するために車両開発を要する．すなわち，冷凍した食品廃棄物を保管するスペースは食材スペースと完全に分けて密閉し，冷気を送る冷凍システムも食材のそれとは別系統とする．このシステムのフィージビリティについては，2003年から5年間，NEDO（独立行政法人，新エネルギー産業技術総合開発機構）との共同研究「廃食料油のリサイクル技術と実用化のための実証試験事業」のテーマにて実証運転を行い，その実現性を確認した．広域，分散化した事業所から改造した食材輸送車にて廃食料油を回収し，バイオディーゼル油（BDF）に改質するとともに同輸送車の冷凍・冷蔵システムの燃料にBDFを補給する．広域，分散化した事業所からの収集に追加のエネルギーを消費することは，温暖化対策に逆行することであり，食材の配送と食品残渣の回収を一体化し，その輸送手段の冷凍・冷蔵システムの燃料にBDFを適用し，更に飼料乾燥化設備の熱源にも利用する．こうしたシステムの長期実証を行い，新しいエネルギーシステムとして，関東圏に分散する店舗（750店）から年間当たり400 kl（1日当たり1,333l）を食材輸送車にて回収し，同量を食材輸送

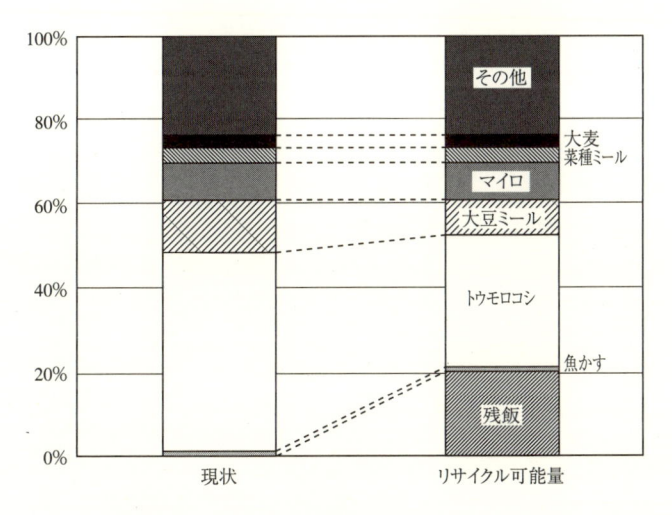

図 5-1 養鶏飼料へのリサイクル比率
　　　（注）食べ残しの配給比率20％は塩分，脂質成分からの上限

車の冷凍・冷蔵システムの燃料とする，プランを作成した．図 5-2 に養鶏飼料へのリサイクルの具体的なフローを示す．

発生場所(給食施設,750ヶ所) → 一次処理施設(分別,乾燥) → 二次加工(サプリメント製造)(異物除去,成分・粒度調整) → 配合飼料工場 → 養鶏場養豚場

図 5-2　養鶏飼料へのリサイクルの具体的なフロー

§5. 未利用の魚類と貝殻の利用

　キュリーら (2009) によると，海洋生物の投棄は年間 2,700 万 t にのぼっており，世界の漁獲量 7,700 万 t に占める混獲の割合は 3 分の 1 以上であり．大西洋の北西部では，投棄量は 370 万 t と見積もられた．また、ガスコーニュ湾におけるメルルーサの底曳き網漁では，総漁獲量の半分が投棄魚となる，とある．

　投棄は日本でも同じ状況で，例えば，下関漁港での沖合底曳き漁業による年間の水揚げ量は約 6,000 t であるが，その内，3 割が沖合で投棄されている．こうした未利用の漁獲物を活用する動きが活発化している．京都府では，アジなどの小型の魚をそのままフライに加工したり，骨が大きく食べにくいアカガレイなどの魚を中骨まで柔らかくする技術で煮付けにしたりして京都府内の学校給食向けに供給している．これは，京都府漁業協同組合連合会とニチレイフーズ[*3] が連携して取り組んでいる．また，下関市では，イボダイなどの小型雑魚を練り製品化している．これは，下関漁業，林兼産業，そして，マルハニチロ食品が連携して取り組んでいる．

　近年，消費者の嗜好の高いホタテ貝は，漁獲後，捌いて，身や貝柱はボイル，もしくは，そのまま，冷凍して出荷されるが，一方，貝殻は加工工場で山のように積み上げられ，最終的には，埋立地に処分される．ホタテ貝の生産量は北海道や青森県を中心に年間 50 万 t にのぼるが，貝殻は 30 万 t 近くが処分され，環境負荷となっている．しかし，この貝殻はその化学的な特性が注目され，徐々に有効利用されるようになった．生石灰は，鳥インフルエンザの発生場所で散水して消毒用に使用されているが，貝殻を高温焼成し，微粉末化した生石灰は，

＊3：http://www.nichirei.co.jp/corpo/env/env2010/topic/topic_01.html

水に溶かすと、高い殺菌効果が得られる．日本シェルテック（株）[*4]は，2009年に青森県上北郡横浜町に年産40万tの大型工場を完成した．同社が，県・都食品環境分析センターに委託した試験によると，この焼成カルシウムの飽和水溶液中の1 ml当たり3万個のサルモネラ菌が5分間で消失したと公表している．今後，焼成カルシウムは，外食産業や食品メーカー（中華料理，海苔メーカーなど）を中心に販売していくとしている．なお，給食企業に籍を置く筆者としては，漁獲段階で廃棄される未利用魚の加工方法の開発により，企業や学校給食での食材に活用し，水産資源の確保が危ぶまれている近年，魚介類の持続的利用に注力していきたい．

§6. 消費者が水産資源の世界を変える

アラスカ湾では，スケソウダラが枯渇の恐れがあった．こうした事態に対して，消費者やフードチェーンは一体，何ができるだろうか．枯渇に向かう漁場からの魚の使用を中止し，豊富な漁場からの魚の使用に切り替えないといけない．そのためには，漁場ごとに，漁業団体，漁法，そして，水産資源の残存について客観的な判断が必要となる．水産資源の持続性について，注目すべき取り組みは，米国のファーストフードのマクドナルド[*5]で行われている．同社は白身魚のフライをパンに挟んだフィレ・オ・フィッシュという料理を提供している．この白身魚の原料は，アラスカ湾で獲れるスケソウダラを使っていたが，資源枯渇の恐れが出て，2007年に同湾のスケソウダラの使用を中止した．一方，NPOの「海洋管理協議会（Marine Stewardship Council：MSC）」は，水産資源の持続可能性，生態系の保全，有効な漁業管理システムの観点から持続可能な漁場，漁法，団体であるとして，世界で，42の漁業の認証を行っている．こうしたMSCの認定に沿って，マクドナルドは原料魚の調達先として新しく東バルチック海のタラの使用に切り替えた．漁獲から消費にいたるフローの中でゼロエミッションを狙う一方，このように，消費者やフードチェーンが持続可能な漁場を適切に選択することが大事である．

[*4]：http://www.shell-tech.com/development-download.html
[*5]：http://www.aboutmcdonalds.com/mcd/csr/about/sustainable_supply/resource_conservation/sustainable_fisheries.html

§7. 水産資源のゼロエミッションへの課題

　リサイクル元年から11年目の節目にあたる本年,思い切ったリサイクルチェーンの拡大と新しい流れを作ることが必要で,下記のプランが考えられる.
　①フードチェーンの各店舗で,排出時点での分別により,水産廃棄物専用のラインを構築する.
　②水産廃棄物の用途開発,例えば,国際価格が上昇している魚かすの原料への用途を開発する.すでに,養鶏飼料に魚かすが使用されているが,養鶏の飼料ルートへの接続は十分可能である.
　③ドイツでは,食品廃棄物を利用した堆肥は,第三者認証制度により流通と商品化が活発化している.水産廃棄物を原料とした魚かすなどリサイクル品の品質規格の策定によりリサイクル品需要の掘り起こしが可能となる.
　日本では廃棄物の大半を自治体が焼却しており,その施設数は全国で1,400を上回る.当然,老朽化施設も多く,ダイオキシン散布の恐れも高い.自治体が市場の外で財になりうるモノを自家消費している.そのコストには税金が使われる.まず,市場に行政が担当している業務を放出,すなわち,民営化して廃棄物が商品となるかを,自治体の城から外に出して検証することが大事である.自治体は廃棄物を煙と土に帰するために1年に3兆円以上の税金を使っている.しかも,市場外で消えている.これを財・サービスに変えて市場に投入し,更に,バイオマスの製品化を加えれば,10兆円以上の大きな市場が誕生する.硬直的な,規制一本槍の行政的手法を見直し,生産者と消費者が一体化した仕組作りが急務である.ドイツに目を転じると,食品廃棄物,家畜糞尿,穀物を原料としたバイオガス施設は4,000基以上普及しており,点と線のリサイクル事業が一つの面としての広がりに転じ,廃棄物が技術革新や新しいシステムの開発により財貨・サービスとなって新しい産業が生まれる可能性が出てきている(薮下,2008).廃棄物が財・サービスになる可能性に注目し,リサイクルだけを考えるのではなく,こういった新しい産業創出の視点からリサイクルを進めていく必要がある.
　なお,わが国の水産物の需給バランスにおいて,輸入の形態は,原料魚から加工品(切身やフライ)での輸入へと切り替わっており,年間250万t規模の魚

介廃棄物が海外で発生している．わが国の水産会社は，今後，海外の立地先での魚介廃棄物の再利用に十分，配慮しなくてはならない．

参 考 文 献

フィリップ・キュリー，イヴ・ミズレー（2009）：魚のいない海（勝川俊雄監訳），NTT 出版，p.96

佐久間智子（2007）：チリ南部におけるサケ・マス養殖に関する調査報告．http://www.parc-jp.org/kenkyuu/2008/chile-salmon2006.pdf

T. Boerresen (2004)：More efficient utilization of fish and fisheries products toward zero emission. In: Sakaguchi M. (ed), *More efficient utilization of fish and fisheries products*, Elsevier, pp.3-5.

藪下義文（2008）：バイオマスが世界を変える―日独の比較政策研究，晃洋書房．

# Ⅲ 部

水産廃棄物と有効利用

6章

雑魚・混獲魚
—低利用魚類のすり身原料としての有効利用

森岡克司
野村　明

　漁業では，漁獲目的とする魚種だけでなく，目的外の生物が漁獲されること（混獲）が多くみられる．混獲された魚は，水揚げ，利用されるものもあるが，一部船上から投棄される場合もあり，水産資源あるいは海洋環境の管理・維持上，問題となる．これら混獲・投棄の問題は，水産資源の有効利用に深く関わることから，1990年半ば以来，多くの国際的な条約，宣言，刊行物などで大きく取り上げられるようになった．日本の漁業における1994年前後での投棄量は，約91万tと推定され，これら日本の投棄に大きくかかわっているのは，投棄量から見ると沿岸漁業の中の小型底曳き網，遠洋・近沿海マグロ延縄漁業や遠洋イカ釣り漁業などである（松岡，2005）．沿岸での網漁業などで，サイズや種類の点で主な漁獲対象でない魚や量的に数が揃わない多種の魚（雑魚）が漁獲された場合，主要な流通網に乗らない地域流通向け加工・流通に向けられたりするものもあるが，十分に利用されていない．一方，遠洋・近沿海マグロ延縄漁業では，アブラソコムツ・バラムツなどの大型魚が混獲される場合もあるが，これらの筋肉には多量にワックス成分が含まれているため，そのままでは利用できず，船上から投棄されるものもある．これらの投棄を減少させるには，漁具を改良し混獲を減らすとともに，漁獲した魚介類を投棄しないで有効に利用することが重要である（松下，2008）．

　雑魚・混獲魚の有効利用に関しては，水産加工品の中で最も生産量が高く，また近年，冷凍すり身の主要原料魚であるスケトウダラの資源量の減少に伴い，新たな原料魚の確保が強く求められているねり製品の原料（すり身）として利用することが簡便かつ効果的であると考えられる．そこで本章では，雑魚・混獲魚のすり身原料としての有効利用を意図して行われた二つの事例，土佐湾産

で小型底曳き網により漁獲される雑魚の有効利用法およびマグロ延縄漁業で混獲されるアブラソコムツ・バラムツの利用可能性について紹介する.

§1. 雑　魚

　水産ねり製品の製造には，現在，スケトウダラなどの冷凍すり身が全国的に広く用いられているが，水産ねり製品のなかで最も生産量の多い揚げかまぼこでは，冷凍すり身のほかに地元で獲れる雑魚の丸掛け肉，落とし身や生すり身を使用することもある．一方，高知県では，板付けかまぼこなどの高級品を中心に，原料としてマエソなどの生魚を多用することが一つの特徴である．しかしながら，近年，沿岸部でのマエソの漁獲量が減少していることから，底曳き網で混獲される新鮮な雑魚の中で経験的にゲル形成能の優れたものを使用することもある．今後，近海産マエソ漁獲量の減少とともに，ますます雑魚を有効利用することが必要となっている．ここでは，土佐湾産雑魚の無晒肉・晒肉のゲル形成特性を調べ，その有効利用法について検討した研究（野村ら, 2005）を紹介する.

1-1　土佐湾産雑魚の無晒肉および晒肉ゲル形成特性

　志水ら（1981）は，49魚種の肉糊（無晒肉）のゲル形成能を調べ，30～40℃域でのゲル化速度（坐りやすさ）と60℃付近でのゲル劣化速度（戻りやすさ）に著しい魚種間差があることを初めて報告した．一方，ねり製品の製造工程では，揚げかまぼこなどに使用する場合を除いて，一般には落とし身を洗浄する工程(水晒し）が行われており，現場での使用を考えると，無晒肉だけではなく，晒肉のゲル形成能に関しても調べる必要がある．そこで，ねり製品工程における水晒しの有効性に着目し，土佐湾産雑魚19種類の無晒肉および晒肉の温度ゲル化曲線（30℃から90℃で，20分間または120分間加熱）を作成し，それらのゲル形成能を検討した.

　水晒しと40～60℃での戻り（ゲル物性の劣化）の発現様式の関係に着目すると，土佐湾産雑魚19種は，無晒肉, 晒肉ともに戻り現象がみられないヒメコダイ，クラカケトラギス，ツマグロアオメエソの3魚種（Ⅰ型魚），無晒肉では60℃付近で戻り現象がみられるが，水晒し処理により戻りがみられなくなるマツバゴチ，

ワキヤハタ，アオメエソの3魚種（II型魚），無晒肉，晒肉ともに60℃付近で戻り現象が認められるナンヨウキンメ，カガミダイ，スミクイウオ，ヨロイイタチウオ，ヨメゴチ，ソコアマダイモドキの6魚種（III型魚），無晒肉では60℃付近で戻りが発現するが，水晒し処理により新たに40℃付近でも戻りがみられるようになるゴテンアナゴ，ユメカサゴ，カナド，ニギス，アラ，ミドリフサアンコウ，アカムツの7魚種（IV型魚）の4つのグループに大別できた．また原料魚肉自身のかまぼこ形成能の指標になると考えられる80℃20分加熱ゲル形成能（破断強度と破断凹みの関係）に着目すると，I型魚では，無晒肉，晒肉ともに80℃でのゲル形成能がきわめて高く，II型魚では，無晒肉のそれは低いものの，晒肉の80℃でのゲル形成能は，I型魚のゲル形成能に準ずる高さを示した．III型魚では，無晒肉の80℃でのゲル形成能は低かったが，水晒しにより，晒肉のそれは上昇した．一方，IV型魚では，無晒肉，晒肉ともに80℃でのゲル形成能が他魚種に比べて低かった．これらの結果から，I型魚の無晒肉・晒肉およびII型魚の晒肉は，マエソなどの高級品の材料に使用される魚の代替として十分に通用するものと判断できる．

ねり製品製造工程における水晒しの有効性を表6-1に示す．I型魚では水晒

表6-1 戻り発現様式による土佐湾産魚類の分類（野村ら，1993）

タイプ	魚種	戻り現象の有無		水晒しの必要性
		無晒肉	晒肉	
I	ヒメコダイ クラカケトラギス ツマグロアオメエソ	なし	なし	不必要
II	マツバゴチ ワキヤハタ アオメエソ	あり	なし	有用
III	ナンヨウキンメ カガミダイ スミクイウオ ヨロイイタチウオ ヨメゴチ ソコアマダイモドキ	あり	あり	効果なし（戻りに対して） ＊80℃のゲル強度は改善
IV	ゴテンアナゴ ユメカサゴ カナド ニギス アラ ミドリフサアンコウ アカムツ	あり	あり	効果なし

しの必要はなく，無晒しの方が魚肉のもつ旨味成分を生かせる利点がある．II型魚では，水晒しは戻りを抑制し，80℃でのゲル形成能を改善することから有効であり，III型魚では，水晒しは，戻りを抑制できないが，80℃でのゲル形成能を改善できることから，有効であるものと考えられる．しかし，IV型魚では，水晒しの有効性は認められず，その利用については注意を要するものと考えられる．

1-2 二段加熱の効果

ねり製品の製造工程では，塩すり身を40℃以下の低温で放置（坐り）あるいは40℃から50℃で予備加熱してから，高温で本加熱する二段加熱法がよく用いられ，二段加熱を行ったかまぼこ（二段加熱ゲル）の弾力は，予備加熱せずに本加熱のみを行ったかまぼこ（直加熱ゲル）のそれよりも増強される（関・原，2005）．そこで，土佐湾産雑魚の無晒肉および晒肉を使用した加熱ゲルの物性に対する二段加熱法（予備加熱温度40℃）の効果を検討した．

I型魚であるヒメコダイおよびII型魚であるアオメエソでは，無晒肉，晒肉ともに二段加熱ゲルの強度は，40℃での加熱時間にもかかわらず，直加熱ゲルの強度よりも高く，40℃予備加熱の弾力増強効果が認められた．これら二段加熱ゲルのSDS-PAGE像では，未加熱のものと比較して，ミオシン重鎖（MHC）のバンドの染色強度は減少するとともに，5%ポリアクリルアミドゲルの上端にとどまる成分が増加していた．このことから，スケトウダラ冷凍すり身などで認められる予備加熱中にトランスグルタミナーゼ（TGase）によって触媒される共有結合による高分子化が，I型魚およびII型魚の無晒肉，晒肉ともに進んでいたものと考えられる．一方，III型魚であるカガミダイの無晒肉および晒肉，IV型魚であるユメカサゴおよびアカムツの無晒肉では，二段加熱ゲルの強度は直加熱ゲルの強度よりも高く，40℃予備加熱の弾力増強効果が認められたが，I型魚およびII型魚とは異なり，二段加熱ゲルの強度は40℃で予備加熱のみを行ったゲルより低くなった．これら二段加熱ゲルのSDS-PAGE像では，MHCの染色強度は，未加熱のものとほぼ同程度であり，ポリアクリルアミドゲルの上端にとどまる成分があまり見られないことから，TGaseによるMHCの高分子化はあまり起こっていないものと考えられる．IV型魚であるユメカサゴおよびアカムツの晒肉では，加熱時間とともに弾力が減少し，二段加熱法は効果的

でなかった．これら二段加熱ゲルのSDS-PAGE像を観察すると，MHCの染色強度が減少するに従い，MHCとアクチンの間の成分が増加したが，ポリアクリルアミドゲルの上端にとどまる成分はあまり変化しなかった．このようにⅣ型魚晒肉で見られる二段加熱によるゲルの劣化傾向が同魚肉中のMHCの分解傾向ときわめてよく対応していることから，MHCの分解が二段加熱ゲルの戻りの程度と密接な関係にあることが示唆された．

　土佐湾産雑魚の無晒肉および晒肉の弾力増強に対する二段加熱の有効性については，①Ⅰ型魚とⅡ型魚の無晒肉および晒肉のように，40℃での加熱でMHCの高分子化が起こり，MHCの分解が起こらない場合は，二段加熱法は非常に有効であること，②Ⅲ型魚の無晒肉および晒肉，Ⅳ型魚無晒肉では，40℃でMHCの高分子化は起きないが，MHCの分解が起こらない場合も，Ⅰ型魚およびⅡ型魚ほどではないが，二段加熱法は有効であること，③Ⅳ型魚晒肉では，その温度帯でMHCの分解を伴うゲルの劣化が発現するため，二段加熱は逆にゲル物性を低下させてしまうことが明らかとなった．

　このように土佐湾産雑魚をねり製品原料魚として有効に利用するには，無晒肉・晒肉の温度ゲル化曲線を求め，それぞれのゲル化特性に応じた水晒しおよび加熱処理を行うことが肝要である．

1-3　魚肉の混合による有効利用技術の開発

　ねり製品工場では雑魚を使用する場合，一般的にゲル形成能の優れたⅠ型魚やⅡ型魚以外はほとんど分別されることなく採肉され，血液などの汚れや脂質などを除去するために，水晒しが行われている．そこで，前述したようにゲル形成能が劣るⅣ型魚晒肉を有効に利用する目的で，優れたゲル形成能を示したⅠ型魚・Ⅱ型魚の無晒肉または晒肉をⅣ型魚晒肉と1：1の割合で混合し，混合魚肉の温度ゲル化曲線を調べ，有効利用の可能性を検討した．

　まずⅠ型魚の無晒肉を混合すると，いずれの温度帯でも戻りは発現しなかったが，Ⅱ型魚の無晒肉の混合では，40℃で戻りは発現しないものの，60℃での戻りが誘発された．一方，Ⅰ型魚の晒肉を混合すると，30℃でのゲル形成は改善されるが，40℃では戻りがみられ，Ⅱ型魚の晒肉を混合すると，Ⅰ型魚の晒肉とほぼ同様な傾向を示した．またⅣ型魚の晒肉における40℃付近での戻りは，Ⅰ型魚やⅡ型魚の無晒肉の混合で抑制されるが，両魚晒肉の混合では抑制され

表6-2 Ⅳ型晒肉の40℃付近の戻りに対するⅠ型およびⅡ型魚肉の抑制効果（野村ら，1995）

タイプ	混合魚肉	戻り現象の有無	混合の有効性
Ⅰ	無晒肉	なし	不必要
	晒肉	あり（40℃付近）	有効の場合あり*
Ⅱ	無晒肉	あり（60℃付近）	有効の場合あり*
	晒肉	あり（40℃付近）	有効の場合あり*

*：加熱条件に配慮する必要あり

ないことから，水晒しによって除去されるⅠ型魚とⅡ型魚の水溶性画分に戻りを抑制する因子が存在するものと考えられた．

　以上の結果から，ゲル形成能の劣るⅣ型魚晒肉を利用するには，Ⅰ型魚無晒肉との混合が最も有効であることが明らかとなった（表6-2）．

1-4　水晒し廃液に含まれるプロテアーゼ阻害因子の利用可能性

　前述した土佐湾産雑魚の4つのタイプのうち，Ⅳ型魚は水晒しによって40℃付近でMHCの分解を伴う従来にはないタイプであり，この戻りは，それらの水溶性タンパク質を添加することで抑制されることから，これら魚肉の水溶性成分中には，MHCの分解を抑制する因子（MDI）が存在することが示唆された．このMDIを魚肉の水溶性画分から，バッチ式DEAEイオン交換，硫安分画（50～70％飽和），DEAEイオン交換クロマトグラフィーおよびSephacryl S-300ゲルろ過クロマトグラフィーの4段階で単離・精製したところ，MDIは，セリンプロテアーゼを特異的に阻害する分子量80,000の単量体タンパク質であった．

　魚肉中には，セリンプロテアーゼだけでなく，システインプロテアーゼが含まれることが知られている．またスケトウダラ冷凍すり身における坐りの進行に伴う，ゲル強度の低下にもセリンプロテアーゼばかりでなく，システインプロテアーゼも関与していることが指摘されている．そこで，土佐湾産魚肉の水溶性画分を硫安分画後，セリンプロテアーゼおよびシステインプロテアーゼに対する阻害効果の分布を調べた．その結果，50～60％硫安飽和画分において，セリンプロテアーゼに対する阻害活性は供試10魚種全てに認められ，システインプロテアーゼ（パパイン）に対する阻害活性は，10魚種中6魚種で認められ，スケトウダラ冷凍すり身などでの40℃付近の坐り中に起きるゲル強度の低下に

これら水溶性画分が利用できる可能性が示唆された（野村ら，2006）．

§2. 混獲魚

アブラソコムツ *Lepidocybium flavobrunneum* およびバラムツ *Ruvettus pretiosus* は，クロタチカマス科に属する魚で，世界中の暖海域に生息する深海性の魚である．両魚種ともマグロ延縄漁業などでしばしば混獲されるが，その筋肉に多量のワックスを含み，多量に飲食すると下痢をするため，現在食用禁止措置がとられており，混獲されたものは船上で投棄される．一方，ワックスを主成分とする脂質であっても筋肉に何らかの手段により，ワックス含量を減少させることで，動物試験の結果から判断してその肉は栄養源として利用できるとの報告もある（衣巻ら，1977）．このことから，両魚筋肉に何らかの処理を行い，ワックスを1％以下まで除去できる技術が開発されれば，食用への利用可能性が開け，結果として海上投棄の問題も解決され，資源の有効利用となることが期待できる．ここでは，ねり製品の原料（すり身）としての利用を想定し，両魚筋肉からワックスを効率的に除去する有効な方法を開発するとともに，調製した低ワックスすり身のゲル形成特性を評価し，その利用可能性について検討した研究（Pattaravivat，2008）を紹介する．

2-1 ワックスの除去方法

まずアブラソコムツ筋肉部位別の脂質分布を調べたところ，胴体中央部で脂質含量が平均23.7％（22.8％から25.4％）と高く，同後部で平均22.8％（21.9％から24.3％），同前部で平均22.4％（21.1％から23.9％）であった．胴体中央部および後部では，腹部肉の脂質含量が背肉上部および中央部に比べて約2％高かったが，逆に前部では背肉中央部で高くなった．脂質組成では，いずれの部位もワックスエステルが脂質の大部分（デンシトメーターによる測定で95％以上）を占めていた．脂質の筋肉組織内分布では，筋肉全体がスダンⅡでオレンジ色に染色され，ブリなどの回遊魚のそれ（Thakur *et al*.，2003）とは著しく異なり，筋肉全体へ脂質が細かく蓄積していることが明らかとなった．またブリなど回遊魚で見られる皮下への脂質の蓄積は見られず，前中後部とも血合肉の割合は低かった．このように背側に比べて腹側で若干ワックス含量が高いものの，いずれも

20％以上ワックスを含んでおり，ワックス含量の差により魚体を分けて処理することは，効率的ではないものと考えられる．

前述したように，すり身の製造工程では，通常，採肉した落とし身に数倍量の水を加えて一定時間タンクのなかで攪拌し，魚肉中に含まれる水溶性タンパク質，エキス成分などの水溶性成分や脂質を除去する水晒しが行われる．そこで，まず攪拌翼付攪拌機による通常の水晒しでのアブラソコムツおよびバラムツの落とし身（5 mm 目挽肉）からのワックスの除去に対する水晒し時間・回数の影響，水晒し時の攪拌速度および沈殿時間の影響などを調べた．その結果，① 水晒し時間を延ばしても，脂質含量は，減少せず，むしろ若干増加する傾向にあった，② 水晒し回数では，1回から3回まで増やすにつれ若干脂質含量は減少したが，余り効果的ではなかった．③ 水晒し時の攪拌速度および沈殿時間は，脂質の除去に効果的でなかった．このように通常の水晒しでは，顕著な脂質除去効果は認められなかった．

マイワシ・マサバなどの多獲性回遊魚の利用において，脂質成分の除去には，筋肉を微細な肉片に磨砕し水晒しを行う方法（微粒化法）や晒し時に真空処理を行う方法（真空晒し法）が効果的である（木村，2005）．そこで予備的に肉の微細化がアブラソコムツ肉からの脂質除去に及ぼす影響を調べたところ，2回晒肉の場合，1回晒肉を 5 mm 目肉挽き機に通した後，水晒しを行うと脂質含量は 6.3％であったが，1 mm 目肉挽き機に通した後，水晒しを行うと脂質含量は大きく減少し，3.0％となった．このことは，アブラソコムツ肉でも微細化・分散化することが脂質除去には効果的であることを示している．次にアブラソコムツ落とし身を筋原繊維の調製に用いるホモジナイザーを用いてアルカリ塩水（0.15％ NaCl を含む 0.2％ $NaHCO_3$ 溶液）中で微細化し，遠心分離により晒肉を回収し，脂質含量を調べた．－50℃で保存した原料肉（脂質含量 20～23％）を低温室（5℃）で一晩解凍したものを肉挽き機で細切後，4倍量の冷アルカリ塩水を加え，エースホモジナイザーにより，冷却条件を変えながら 5,000 rpm，90 または 180 秒間水晒しを行った．図 6-1 に示したように，アルカリ塩水晒し時の温度と晒肉の脂質含量の間には，高い正の相関があり，アルカリ塩水晒し中の液温の上昇を 1℃以下に抑えることでアルカリ塩水晒し後の晒肉の脂質含量を約2％に，ワックス含量を約1％まで減らすことが可能となった．このことから，アブラソコムツ筋肉脂質の分布様式は回遊性魚とは異なるものの，ホモジナイ

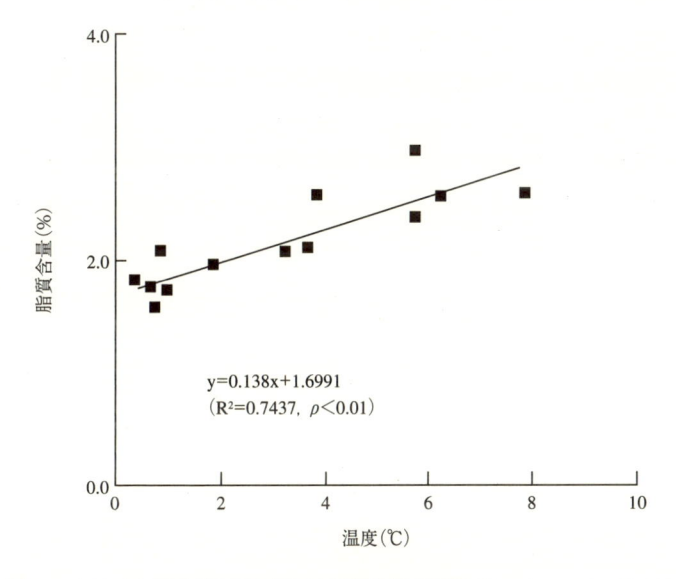

6章 雑魚・混獲魚 ——低利用魚類のすり身原料としての有効利用　　89

[グラフ: アルカリ塩水晒し時の温度と脂質含量の関係。y軸: 脂質含量(%)、x軸: 温度(℃)、回帰式 $y=0.138x+1.6991$ （$R^2=0.7437$, $p<0.01$）]

図6-1　アルカリ塩水晒し時の温度と脂質含量の関係 (Jansita et al., 2008)

ザーによる水晒し（微細化）は，落とし身からの脂質（ワックス）の除去にも効果的であることが確認された．また1回目の水晒し時の温度は脂質除去に有意に影響し，水晒し後の温度を1℃以下に保つことで，アブラソコムツでは脂質含量を1.81％，ワックス含量を1.05％に，バラムツでは脂質含量を1.29％，ワックス含量を0.53％に減らすことができた．引き続いて0.3％NaCl溶液で水晒ししたところ，アブラソコムツでは脂質含量を1.31％，ワックス含量を0.67％に，バラムツでは脂質含量を0.86％，ワックス含量を0.28％まで減らすことができた．

2-2　低ワックスすり身のゲル形成能

アブラソコムツおよびバラムツをすり身原料魚として利用する場合，ワックスを除去することが第1の課題であるが，得られたすり身が一定のゲル形成能をもっていないとワックス除去できたとしてもすり身原料としては適していない．そこで晒肉のゲル形成特性を調べ，両魚肉のすり身供給源としての利用可能性について予備的に検討した．

アブラソコムツおよびバラムツ晒肉加熱ゲルの温度ゲル化曲線（30℃から80℃で20分間または120分間加熱）を作成したところ，20分加熱ゲルにおいては40℃でゲル化が始まり50℃でゲル強度は最大となり，それ以上の温度ではほぼ一定であった．2時間加熱ゲルにおいては，30℃でゲル化が始まり40℃から50℃にかけてゲル強度が最大となり，それ以上の温度ではほぼ一定であった．また20分と2時間加熱ゲルの強度にほとんど差は見られず，志水ら（1981）の分類に従うと，両魚とも坐りにくく，戻りにくい魚であると判断された．また両魚肉は，市販冷凍すり身に匹敵するゲル物性を示したことから，すり身原料として利用可能と判断した．（図6-2）

　つぎに，低温での予備加熱が80℃での本加熱後のゲル強度に及ぼす影響を調べた．両魚晒肉とも30℃で予備加熱した二段加熱ゲルの強度は，直加熱ゲルと差がなかったことから，30℃での予備加熱は効果的でなかった．アブラソコムツ晒肉では，40℃および50℃で予備加熱をした本加熱ゲルの強度が，直加熱ゲルに比べて高く，予備加熱の効果がみられたが，バラムツ晒肉では，40℃および50℃予備加熱をした加熱ゲルの強度と直加熱ゲルの強度に差が見られず，予備加熱の効果が認められなかった（図6-3）．両魚晒肉の坐りおよび二段加熱ゲルのSDS-PAGE像を調べ，タンパク質の高分子化および分解挙動を調べた．またタンパク質の高分子化については，未還元および還元試料を調製・泳動することで，ジスルフィド結合（SS結合）による高分子化と，TGaseによって触媒される共有結合による高分子化を区別した．両魚とも坐りゲルでは，40℃，50℃ともに未還元試料でMHCのわずかな減少が見られたが，還元試料ではいずれの温度でもMHCに差は見られなかったことから，予備加熱中のSS結合による高分子化がわずかながら生じていることが示唆された．二段加熱ゲルにおいては，40℃，50℃ともに未還元試料で電気泳動のゲルの上端付近および上端とMHCの間に高分子生成物が認められ，還元試料では，これらのバンドは消失していることから，二段加熱によりSS結合による高分子化が進んでいることが示唆された．一方，スケトウダラ冷凍すり身などで認められる予備加熱中に生成するTGaseによって触媒される共有結合による高分子化は，両魚の晒肉では，ほとんど認められなかった．その原因を探るために，30℃での予備加熱の効果発現に関与するTGaseの活性を調べたところ，両魚晒肉中にTGase活性の強さはアブラソコムツで冷凍すり身の約65％，バラムツで約75％であり，

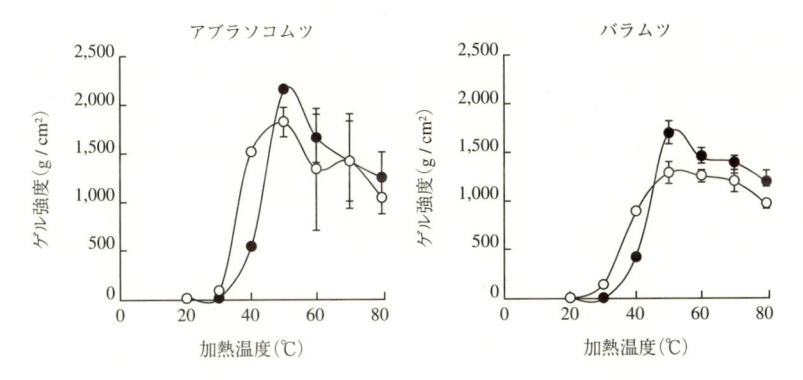

6章 雑魚・混獲魚 ―低利用魚類のすり身原料としての有効利用　91

図6-2　アブラソコムツ・バラムツ晒肉の温度ゲル化曲線（Janista *et al.*, 2008）
●：20分加熱, ○：2時間加熱

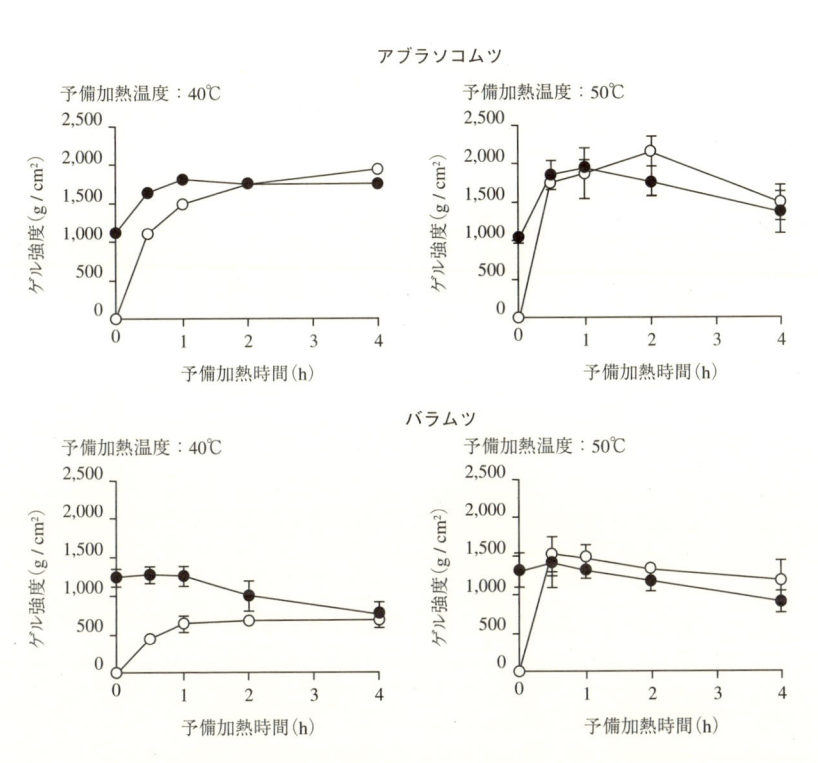

図6-3　アブラソコムツおよびバラムツ晒肉に対する二段加熱の効果（Janista *et al.*, 未発表）
○：予備加熱ゲル, ●：二段加熱ゲル

TGase活性は，冷凍すり身より若干弱いものの，認められた．一方，魚類筋肉に存在する内在性TGaseの活性化因子であるCa^{2+}のすり身中の濃度を調べたところ，アブラソコムツすり身で1.3 mM，バラムツで0.7 mMであり，スケトウダラすり身の1.8 mM，シログチすり身の7.0 mMに比べて低い値を示した．

2-3 カルシウム添加によるゲル物性の改善

前述したように，アブラソコムツおよびバラムツの晒肉ゲルでTGaseによる高分子化が見られなかったのは，TGaseの活性およびその活性化因子であるCa^{2+}濃度が低いことが一因であると考えられる．そこで，低温での予備加熱の導入による晒肉のゲル強度の向上を目的として，両魚の晒肉に内因性TGaseの

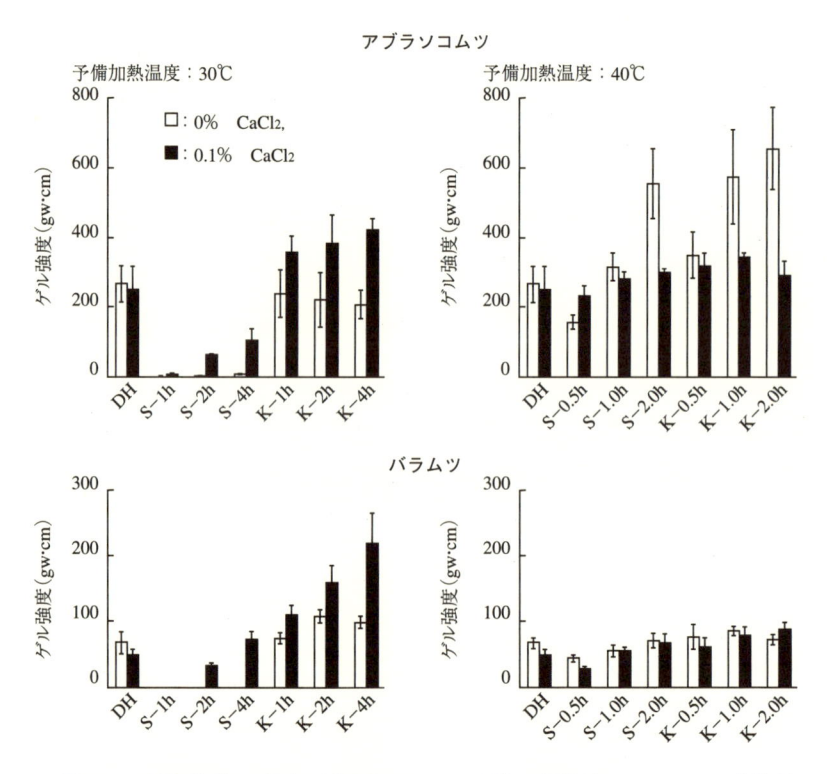

図6-4 二段加熱ゲルの強度に及ぼすカルシウム添加の効果（Janista *et al.*，未発表）
S：予備加熱ゲル，K：二段加熱ゲル，DH：直加熱ゲル
S-，K-の次の数字は，予備加熱時間を表す．

活性化因子である Ca^{2+} を添加し，その効果を調べた．(図6-4)

アブラソコムツ晒肉では，0.1% $CaCl_2$ 添加により，30℃で予備加熱した二段加熱ゲルで，ゲル強度がわずかに上昇したが，40℃で予備加熱した二段加熱ゲルは，ゲル強度が著しく低下した．またカルシウム無添加の40℃で予備加熱した二段加熱ゲルのゲル強度が最も高くなった．この結果から，カルシウムの添加は，アブラソコムツ晒肉のゲル強度上昇に効果的ではなかった．これらゲルのSDS-PAGE像を調べたところ，予備加熱30℃，40℃ともに，予備加熱時間が長くなるにつれて，MHCが減少し，MHCとアクチンの間に分解物とみられる成分が増加した．一方，SS結合以外の共有結合による高分子化は認められなかった．カルシウムとともにEGTA（カルシウムキレート剤）を添加した実験の結果では，MHCの分解がEGTA添加により抑制され，ゲル強度も回復した．この結果より，カルシウム添加によるゲル強度の低下は，カルシウムにより活性化されるプロテアーゼの作用によるものと推察した．

バラムツ晒肉では，0.1% $CaCl_2$ 添加により，30℃で予備加熱した二段加熱ゲルの強度は著しく上昇し，坐り効果が認められたが，予備加熱40℃では，$CaCl_2$ を添加しても坐り効果が認められなかった．これらゲルのSDS-PAGE像を見ると，予備加熱30℃，40℃とも，非SS結合性共有結合によるMHCの重合が認められた．また40℃では，MHCとアクチンの間に分解物とみられる成分が予備加熱時間とともに認められた．このことから，バラムツ晒肉ゲルの強度改善には，カルシウム添加が30℃での予備加熱が効果的であり，その効果は内因性TGaseの活性化によるものと推察した．

2-4 今後の展望

アブラソコムツ筋肉から，ワックスを多量に含む脂質を効率的に除去するのに影響する因子として，低温での肉の微細化処理が効果的であることを明らかにした．また得られた低ワックスすり身から調製した加熱ゲルの品質の指標となる物性は，市販冷凍すり身から調製したものに匹敵し，すり身原料として利用可能であると判断した．今回用いたアブラソコムツ，バラムツとも比較的大型の魚体であり，いずれも漁獲後，冷凍したものを研究室に搬入し，使用するまで冷凍保存した．この間，保存期間にかかわらず，良好なゲルを形成していたが，漁獲後の保存条件（冷凍温度，時間）が脂質の除去とゲル化特性に及ぼ

す影響や魚体のサイズ，季節による成分の差などの原料魚自身の状態の影響についても詳しく検討する必要がある．さらには筋肉の約20％を占めるワックス成分の有効利用も残された課題である．これに関しては，ハダカイワシの利用に関する研究において，高脂質・高ワックスであるコヒレハダカおよびセッキハダカから調製した粗精製油が化粧品，化成品原料としての利用可能性が報告されており（野口，2005），アブラソコムツおよびバラムツのワックスエステルの利用性についても検討する必要がある．

§3. おわりに

　前述したように日本の漁業における混獲・投棄の問題を考えたとき，大きく係わっているのは，沿岸漁業では，小型底曳き網漁業や船曳き網漁業であり，また遠洋を含むマグロ延縄漁業での投棄量も大きい．これら漁業で漁獲された雑魚・混獲魚の利用において，大型魚では，アブラソコムツ・バラムツのような食用禁止魚を除いて漁獲目的外であっても単一の銘柄として生食用あるいは加工用として利用できるものもあるが，小型の雑魚では，サイズ・種類などの点から，生食向けとしてよりは，加工品向けとして利用することが得策であると考えられる．加工用としては，ねり製品原料（すり身）や魚醤（三枝，1999）などへの利用が見られるが，それぞれの雑魚・混獲魚の加工適性を把握した上で，適切な処理・利用をすることが付加価値の向上にもつながり，有効利用する上で重要である．

　水産ねり製品の主原料である冷凍すり身の原料に関しては，近年，スケトウダラなど冷凍すり身原料魚の資源量の減少および冷凍すり身価格の高騰に伴い，新たなすり身原料魚の開発が強く求められている．今後，すり身供給原として雑魚・混獲魚を有効に利用することで，冷凍すり身の使用量を減らすことができ，その結果，スケトウダラなどのすり身原料魚も含め，限りある水産資源を有効に利用できるものと考えられる．一方，わが国のねり製品生産量は，年々減少しており，これには食生活の欧米化のほか，冷凍すり身の利用による品質の画一化などが影響しているとも言われている．雑魚・混獲魚など多様な原料魚をうまく使い，地域色豊かで特徴のあるねり製品を製造することで，水産未利用資源の有効利用とねり製品の生産量増加につながることを望む．

参 考 文 献

衣巻豊輔・荒井君枝・杉井麒三郎・井関重夫 (1977)：アルコオキシジグリセリドあるいはロウを肉中に多量に含有する魚類の栄養価, 東海水研報, 91, 73-91.

木村郁夫 (2005)：原料魚と製造技術の特徴, かまぼこ（山澤正勝・関 伸夫・福田 裕編), 恒星社厚生閣, pp.132-140.

三枝弘育 (1999)：伊豆諸島近海で漁獲の雑魚類を利用した魚醤油の製造, 東京都食品技術センター研究報告, 8, 27-33.

志水 寛・町田 律・竹並誠一 (1981)：魚肉肉糊のゲル形成に見られる魚種特異性, 日水誌, 47, 95-104.

下元 哲・野村 明・北村有里・伊藤慶明 (2006)：魚肉水溶性画分のプロテアーゼ阻害活性並びにスケトウダラ冷凍すり身の戻り抑制効果, 日水誌, 72, 58-64.

関 伸夫・原 研治 (2005)：坐り, 戻りおよび内在酵素のゲル化への関与, かまぼこ（山澤正勝・関 伸夫・福田 裕編), 恒星社厚生閣, pp.63-92.

野口 敏 (2005)：ハダカイワシの利用用途, 水産資源の先進的有効利用法（坂口守彦・平田 孝監修), NTS, pp.54-63.

野村 明・伊藤慶明・小畠 渥 (2005)：土佐湾で漁獲された雑魚すり身のゲル形成特性, 水産資源の先進的有効利用法（坂口守彦・平田 孝監修), NTS, pp.336-373.

野村 明・伊藤慶明・宗圓貴仁・小畠 渥 (1993)：土佐湾産魚類の戻り発現に及ぼす水晒しの影響, 日水誌, 59：857-864.

野村 明・伊藤慶明・豊田寛国・小畠 渥 (1995)：水晒しによって誘発される40℃付近の戻りに対する水溶性タンパク質画分の抑制効果, 日水誌, 61, 744-749.

松岡達郎 (2005)：多魚種漁業での投棄の調査と投棄量推定, 水産資源の先進的有効利用法（坂口守彦・平田 孝監修), NTS, pp.3-14.

松下吉樹 (2008)：漁業における混獲魚を考える, 日本水産資源保護協会月報, No.515, 3-6.

Pattaravivat J. (2008)：Utilization of Escolar Lepidocybium flavobrunneum and Oilfish Ruvettus pretiosus for Surimi Processing. PhD Thesis, The United Graduate School of Agricultural Sciences, Ehime University, Ehime,2008.

Pattaravivat J, K.Morioka, M.Shirosaki and Y.Itoh (2008)：Effect of washing conditions on the removal of lipid from the fatty fish escolar (Lepidocybium flavobrunneum) meat. J. Biol. Sci., 8, 34-42.

Pattaravivat J, K.Morioka, K.Ohnishi,S.Komiyama and Y.Itoh (2008)：Temperature dependency in gel forming characteristic of washed meat from underutilizd fatty fish escolar Lepidocybium flavobrunneum and oilfish Ruvettus pretiosus, Fish. Sci., 74, 1376-1378.

Thakur D.P., K.Morioka, Y.Itoh and Y.Obatake (2003)：Lipid composition and deposition of cultured yellowtail Seriola quinqueradiata muscle in relation to meat texture, Fish. Sci., 69, 487-494.

7章

魚腸骨
―ここまで進んだ利用技術

伊東芳則

　現在，水産物の持続可能な有効利用が世界的に求められており，資源の厳格な管理のみならず有効利用とその価値を世間へ向けて広報する告知活動もきわめて重要であるとされている．これまでに得られた多くの研究成果から，水産物に本来含有されている成分や機能性に関する知見は，人類の将来に対して大きく貢献するものと考えられる．その意味で，水産物は単に美味しいものというだけではなく，QOL（Quality of Life）を高めうる素材であるともいえる．この点に関しては，これまでにわが国では数々の研究成果が蓄積されており，今後はこれらをさらに深化させる必要がある．とりわけ，資源の欠乏が予想される今世紀は残滓や魚腸骨の有効利用の時代と言っても過言ではない．

§1. 水産廃棄物（魚腸骨）利用の現状

1-1 サ ケ

　しらこに含まれるDNAを主成分とした健康食品の例として，DNA（核酸）やプロタミンなどが開発されている．また，ナトリウム塩とアルギン酸ナトリウムを混合し作成したアルギン酸フィルムに銀を保持させる抗菌シート（Kitamura, 1997）やフィルター状に加工し，DNAの塩基対の間に薬物などを保持させるインターカレーション作用による微量変異原性物質の補足定量装置やタバコ煙中に含まれる有害物質を特異的に除去する空気清浄機用フィルターなどが開発されている．

　氷頭にはコンドロイチン硫酸やⅡ型コラーゲンが豊富であり，抽出して健康食品原料として人気を博している．

筋子からイクラを製造する時に卵巣膜が廃棄されるが，卵巣膜の構成成分が動物プラセンタ成分に類似するとのことで，本来魚類には存在しないプラセンタをマリンプラセンタと命名して，健康食品に利用されている．

皮からはコラーゲン成分を抽出，酵素分解・脱臭・脱色などの工程を経て，粉末化した製品が出回っている．

1-2 カツオ

カツオ節や缶詰製造中生じる煮汁中に含まれる，イミダゾールジペプチドであるアンセリンは，比較的熱に強く，加工工程でもその成分を保持している．最近では抗疲労作用があるとして，濃縮し粉末化し健康食品素材として開発されたり，濃縮液はだし原料として利用されている．（渡邊・菊池，2003）

魚類特有の心臓に付随する動脈球は，体内でも最もエラスチンを多く含有することが知られており，酸・アルカリ・酵素処理して粉末化し，化粧品や健康食品原料として，コラーゲン，ヒアルロン酸に次ぐ人気商材とすべく，生産業者がプロモーション中である（伊東，2010）．

1-3 サメ

皮はコラーゲンの，軟骨はプロテオグリカン，コンドロイチン硫酸などの原料として利用されている（坂口・平田，2005）．

1-4 エビ，カニ

エビ殻やカニ殻を原料に酸，アルカリを用いてカルシウムやタンパク質を除去し粉末にしたキチン，さらに水に可溶化したキトサンが開発商品化された（戸倉，1987）．また，酵素分解やRO（逆浸透膜）を利用し，物理的なろ過法で特定の分子量画分のみを確保したN-アセチルグルコサミンは，ヒット商品としてその機能性が評価されている（又平，1999）．

1-5 イカ

皮やミールに含まれるDHA結合型リン脂質中のフォスファチジルコリン（PC）とフォスファチジルセリン（PS）を4:1に混合してリポソームを調整し，マウスに投与すると腫瘍の増殖を抑制する作用が現れる（高橋ら，2004）．

アルゼンチンマツイカの墨汁嚢に含まれる特異な構造をもつムコ多糖-ペプチド複合体（ペプチドグリカン）に抗腫瘍効果があることが，マウスへの投与で確認されている（Matsue, 1997）.

内臓を-80℃で凍結，真空乾燥し，粉末加工してビタミンD補給用の食品添加剤として利用する方法も開発されている（江差，1993）.

イカ墨の色素の黒色から黒褐色のユーメラニンの特性を利用し，天然色素としてインクジェット原料として工業的に利用されている（上野，2007）.

甲イカの甲羅を粉砕し抽出し，濃縮して粉末化しカツオ内臓エキスと混合して健康食品として利用する試みもある（長房ら，2000）.

1-6 貝　類

軟体部に含まれるグリコーゲンを主成分とするカキエキスには，抗腫瘍効果があるとの報告がある（佐藤，2006）. また，カキ殻粉末消臭剤と水酸化マグネシウムを含むポリウレタン発泡体を作成し，揮発性有機性化合物を長期にわたり消臭する技術も開発されている（柿野，2009）.

1-7 魚　鱗

健康食品として魚鱗を利用する目的で，サンマの鱗をそのまま超微粉末に加工したものは，コラゲタイトとして商品化されている．魚鱗のコラーゲンは，匂いもほとんどなく，含有量も豊富（20〜50％）で，I型コラーゲンとハイドロキシアパタイトを主成分とする．ゴミとして厄介者としてしか扱われなかった魚鱗が立派な資源としての価値をもつことが示された一例といえよう．この詳細は14章で紹介されている．なお，溶けやすくするため酵素分解したコラーゲン由来ペプチドを主成分とするものが現在主流となっている．米国では，DDR（Discoidin Domain Receptor）の研究が進み，未変性の3本鎖構造を有するI型コラーゲンがDDRを活性化したとの報告がある（Vogel, 1999）．これは，従来考えられていた構造性タンパク質としてのコラーゲンの機能の概念を超えた，細胞活性化の信号伝達機能をもつことを意味しており，細胞に本来備わっている機能の活用によって，新たな機能が発現するメカニズムが解明されつつある．骨の構造からみてコラーゲンとハイドロキシアパタイトが一緒になって骨の強度と柔軟性を保っている．魚鱗粉の投与で骨粗鬆症が回復することから

抗骨粗鬆剤として特許が成立している（伊東ら，特許第3752344）

1-8 魚類の加工残滓

魚醤や調味料，酵素分解物，魚粉，飼料，肥料などに利用されている（坂口・平田，2005）．

§2. マグロに含まれる成分の利用

マグロは，海洋における生態からみると，食物連鎖すなわち生物濃縮の頂点に位置している．寿命（魚種により10～40年），生涯遊泳距離の長さ，遊泳速度（巡航速度・捕食時の最高速度）増肉係数（約20 kg）の高さなどから推測して，可食部分以外の残滓の中にこそ機能性成分が高濃度に含有されているものと考え，それらの抽出法を開発し，有効成分を探索し製品化することを試みた．以下にその概要を述べる．

2-1 魚 油

マグロに含まれる魚油を抽出開始から終了まで外気に触れさせず真空低温沸騰と加圧加温抽出するハイブリッド抽出法（最初に40～50℃の低温で真空沸騰させ，次に圧力下で100℃を超えても沸騰させず油を抽出する）で抽出した．（伊東ら，2011）このようにして得られた魚油は，DHA（33.1%），EPA（7.7%）などのPUFA（高度不飽和脂肪酸）を大量に含有するにもかかわらず酸化され難いことがわかった．また，この魚油は，最高・最小血圧の減少（図7-1, 2），血中のアディポネクチン値の増加（図7-3），レプチン値の減少（図7-4），中性脂肪（図7-5）やコレステロール値の減少などの効果を示すことができた．そのほかにもハイブリッド抽出油には，ビタミンD（146μg /100 g）とビタミンE（43.7 mg/ 100 g）が豊富であることがわかった．ビタミンEの含有量が多いので，ほとんど酸化されないことが確認されている．DHAは，33.05%もの含有が確認され，EPAは，7.72%が含有されていた．（両方ともビンチョウマグロの頭部）DHA＋EPAの含有量を同じにしてWister系ラットを使い吸収性を試験した結果，この魚油は吸収速度も吸収量もこれらのエチルエステル（医薬品）に比べて2, 3倍優れていることが判明した（図7-6, 7）．また，血圧降下作用も認められた．

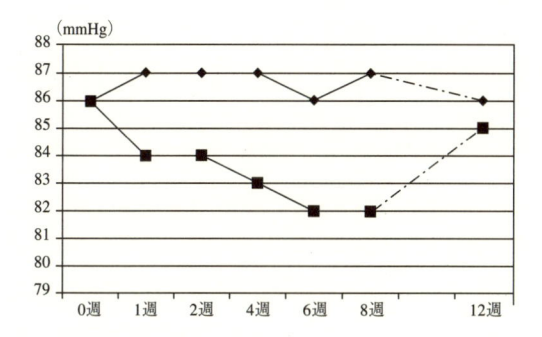

7章 魚腸骨 —ここまで進んだ利用技術　　*101*

図7-1　最低血圧の変化
　　　　－◆－：プラセボ群，－■－：ハイブリッド抽出油群

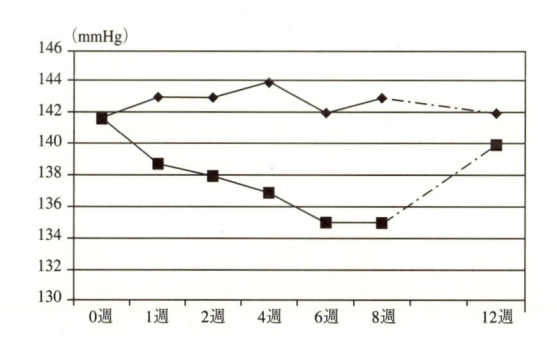

図7-2　最高血圧の変化
　　　　－◆－：プラセボ群，－■－：ハイブリッド抽出油群

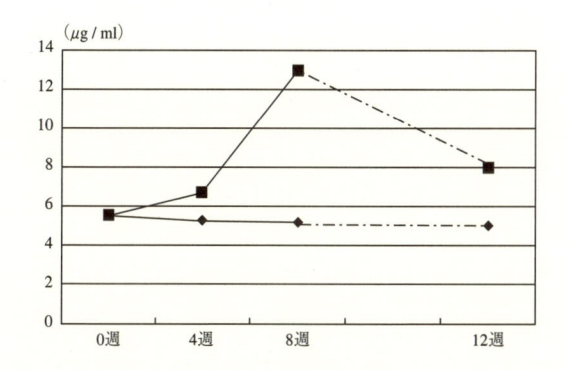

図7-3　血中アディポネクチン濃度の変化
　　　　－◆－：プラセボ群，－■－：ハイブリッド抽出油群

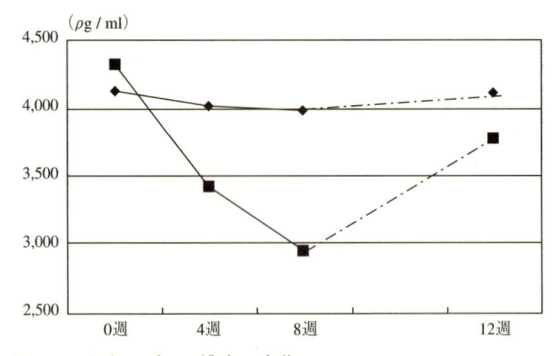

図 7-4 血中レプチン濃度の変化
　　　　－◆－：プラセボ群，－■－：ハイブリッド抽出油群

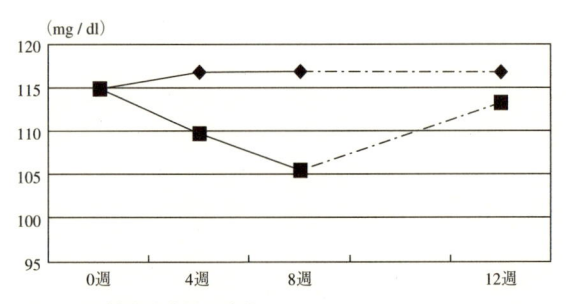

図 7-5 中性脂肪含量の変化
　　　　－◆－：プラセボ群，－■－：ハイブリッド抽出油群

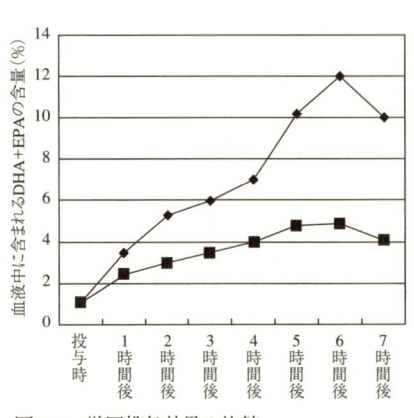

図 7-6 単回投与効果の比較
　　　　－◆－：ハイブリッド抽出油（天然）
　　　　－■－：エステル体（医薬品）

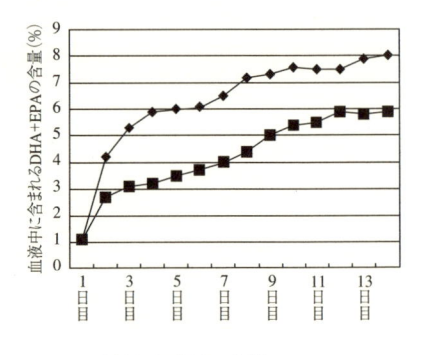

図 7-7 連続投与効果の比較
　　　　－◆－：ハイブリッド抽出油（天然）
　　　　－■－：エステル体（医薬品）

2-2 心臓から抽出されるエラスチン加水分解物

マグロの心臓の動脈球からは，エラスチン加水分解物が抽出され，化粧品原料に利用されている（伊東，2010）．

また心臓加水分解物（主成分はエラスチン）の粉末製品は，ドリンクなどに簡単に添加できる商品も開発されている．

2-3 その他の成分

このハイブリッド抽出法によれば，抽出上層画分に上述の魚油，下層の水溶性画分にはコラーゲンが主成分として含まれ，この他にヒアルロン酸，コンドロイチン硫酸，タウリン，ビタミンB群，葉酸，亜鉛，銅などのミネラル分が含まれていることがわかった．それらは厚労省の高濃度表示可能量に含まれていることが特徴である．また，利用する部位によって各主要成分の含有量は異なり，目的に応じ部位を使用することで機能性成分の訴求範囲が広くなること，腸の粉末と緑茶の粉末を用いて調製した錠剤では，ヒトで尿酸濃度の低下作用があることなどが確認されている．さらに卵の抽出液粉末でも高濃度の機能性成分が含有されていることも認められている．上層の油分層と下層の水溶液層の間に薄い両極性の膜ができるが，ここには，PCを主体としたリン脂質やミオグロビンの含有も確認されている．

ゼロエミッションに到達するためには，残渣を徹底的に有効利用しなければならないが，その結果として環境への負荷を減らすことが可能となる．同時にそのような過程で究明された機能性物質が，われわれの健康維持に寄与するものとなるならば，それはまさに現在の時流に即したものであるといえよう．

参 考 文 献

江指隆年：特開 1993 – 25901.
伊東芳則・山本淳二：特願 2007 – 220762.
伊東芳則・信田臣一・矢澤一良：特許番号第 3752344 号.
伊東芳則：特開 2010 – 241708.
岩田尚夫・長房光一・和田　俊：特開 2000 – 139403.
柿野竜輝：特願 2009 – 209248.
Kitamura K.（1997）：Nucleic Acid Symposium Series(37), Oxford University Press, pp.273-274.
Matsue H.（1997）：Food Factors for Cancer Prevention, Springer-Verlag, pp.331-336
又平芳春（1999）：*New Food Industry*, 41, p.9.
坂口守彦・平田　孝（監修）（2005）：水産資源の先進的有効利用法—ゼロエミッションをめざして，NTS.
佐藤友美（2006）：カキエキスにおける抗腫瘍

効果の作用機序解析,弘前大学医学部保健学科検査技術科学卒業研究論文集, pp.297-302.
高橋是太郎編 (2004):水産機能性脂質―給源・機能・利用,恒星社厚生閣, p.174.
戸倉清一 (1987):キチン・キトサンの開発と応用,工業技術会, pp.202-229.
上野 孝 (2007):イカ墨の高度産業利用,未利用生物資源からのファインケミカル創造,化学と工業, 60, 1156 - 1159.
Vogel W. (1999): Discoidin Domain Receptors: Structural Relations and Functional Implications, *FASEB J.*, 13, S77-S82.
渡邊一浩・菊池数晃:特開 2003-092996.

8章

藻 類
―養殖コンブ廃棄物を事例として

長野　章

　藻類の廃棄物処理において，経費がかかり対応に困難をきたしていることと，発生量が大量である時に，廃棄物の利活用対策は非常に有効となる．養殖コンブ生産においては，大量の廃棄物が排出されるとともに，生産加工の効率から利用されず廃棄される葉体部分も多く，毎年多額の経費をかけて処理を行っている．ここでは，コンブ（天然コンブ含む）の生産量が5,191 t（乾重量）と北海道生産量 20,001 tの約 25％を占める函館市における養殖を主体とするコンブ廃棄物の有効利用方策について述べる．

§1. 「藻類」廃棄物の現状（函館市を中心にして）

　函館市において，廃棄物として処理されている藻類は大きく二つに分類できる．一つは養殖コンブの残滓で，もう一つは天然コンブなどの生育場所を確保するために行っている雑海藻駆除に伴う廃棄物である．これら2種類の廃棄物のうち養殖コンブから発生しているものを表8-1に示す．養殖コンブについては，養殖コンブを取り上げる際に切り落とす葉先部分と，取り上げて陸上で処分するガニアシ（養殖綱に固着している根部分）がある．また，雑海藻駆除に伴う雑海藻は一般には陸上に取り上げず海中にそのまま流失させていて，函館市で

表8-1　函館市における養殖コンブからの廃棄物量（t）の推定（2005年）

養殖コンブ	生産量（原藻）	廃棄量の規模	
		ガニアシ	葉先
	26,855	2,686	8,057

は聞き取りによると20 t程度となっている．養殖コンブの廃棄物のうち陸上に取り上げて処理されるガニアシが，有効利活用の対象となる．

§2. 有効利用の現状と課題

2-1 堆肥化による利用

現在の養殖コンブ生産地では陸に取り上げて処分しなければならない養殖コンブのカニアシ部分と一部の魚介類の残滓も含め，函館市南かやべ地区ではリサイクルセンターを設置して，堆肥化処理している．

方式は図8-1に示すとおりの工程で，養殖コンブのガニアシ，牛糞および樹皮のバークと混合され堆肥化されている．図8-1における養殖コンブ荷揚げ写真のコンブには下半分がないのは海上で葉先が切り落とされるためである．

函館市全体では毎年養殖コンブ取り入れ時期に2,700 tのガニアシが発生す

図8-1 養殖コンブのガニアシの堆肥化工程

表8-2 南かやべ地区リサイクルセンターの経費と収入　（千円）

堆肥化工程に必要な費用		ガニアシの堆肥化収入	
電気代（町）	1,060	肥料販売	4,693
軽油（町）	940	処理受託料 （コンブ漁業より）	10,762
牛糞購入費	285	処理受託料 （水産加工業より）	1,785
バーク購入費	705		
粗付加価値額 （人件費，営業余剰など）	14,250		
費　用	17,240	収　入	17,240

る．このうち南かやべ地区ではリサイクルセンターで堆肥化されており毎年約1,500 tから2,000 tの処理が行われている．表8-2に2004年の南かやべ地区のリサイクルセンターのガニアシ堆肥化における費用と収入を示す．

このガニアシの堆肥化は本来焼却するべき廃棄物を有効利用することから，焼却すればCO_2発生量は21,400 tとなるところを堆肥化に必要なエネルギー分のCO_2発生量54 tに抑えられていると試算されている．

さらに，藻類の廃棄物を高度利用するため，藻類廃棄物のエネルギーへの変換技術と，継続的に藻類をエネルギーとして利活用するためのネットワークの構築が必要である．エネルギー変換は，藻類として，コンブ残渣および漁村で発生する汚水処理汚泥などを選定した上で，メタン発酵によるエネルギー回収とメタン発酵残渣の農林水産業での液肥利用を想定し，コンブ残渣などのメタン発酵特性とバイオマス利活用の継続に必要となるネットワークを構築する必要がある．これらについて函館圏を事例に取り上げ述べる．

§3. エネルギーの抽出による有効利用

3-1 有効利用に向けてのシステム構築

藻類バイオマス利活用の流れは，継続的なシステムとして動かすためには図8-2のようになる．

まず，地域に即した対象バイオマスとして函館圏での水産系廃棄物を把握する．そしてそのうちコンブ，魚腸骨および水産系バイオマスの補完材料としての利用が考えられる下水汚泥の成分なども把握する．

III部　水産廃棄物と有効利用

```
┌─────────────────────┐      ┌─────────────────────┐
│・函館圏での水産系廃棄物調査│      │・バイオマスネットワークの検討│
│・組成成分調査            │      │・メタン発酵施設の課題検討   │
└──────────┬──────────┘      └──────────┬──────────┘
           │                              │
           ▼                              ▼
┌─────────────────────┐      ┌─────────────────────┐
│・コンブおよび水産系廃棄物のメ│      │・コンブメタン発酵残渣の肥料│
│ タン発酵試験             │─────▶│ 化検討                 │
│・メタン発酵効率試験と可能性 │      │・コンブ残渣の発生時期と対策│
│・残渣成分の組織調査       │      └──────────┬──────────┘
└─────────────────────┘                 │
                                          ▼
                              ┌─────────────────────┐
                              │水産バイオマスネットワークと│
                              │循環システムの構築         │
                              └─────────────────────┘
```

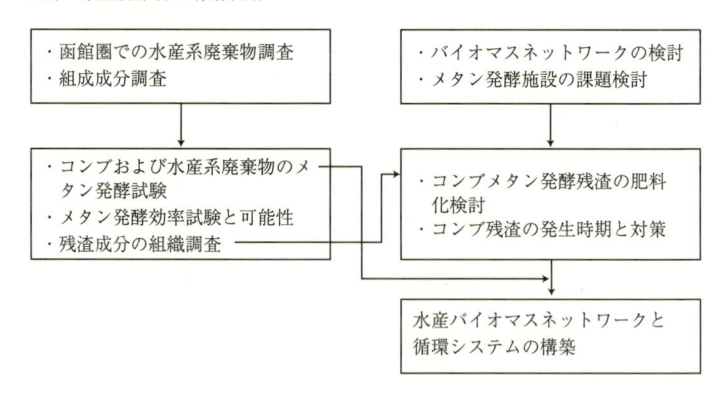

図8-2　藻類バイオマス利活用のシステム

　次に主にガニアシを主体とするバイオマス利活用に必要なエネルギー変換技術として，ガニアシのメタン発酵試験により，発酵特性を把握する．そして，エネルギー発酵試験結果から実用化が可能となる．メタン発酵においてはメタン発酵後の消化液と呼ばれる廃液の処理が最大の課題になることは知られているが，このメタン発酵後の残滓の利用も有効に利用しなければならないので，その成分を調査し把握しておく必要がある．

　藻類などのバイオマスの利活用を考える場合，時期的に偏在するので材料の供給およびメタン発酵後の消化液の処理のために他分野の産業とのネットワークの構築が必要である．これらはとりもなおさず他のバイオマスを含め，メタ

表8-3　函館圏で発生している海藻系廃棄物と魚腸骨を含む水産バイオマスとその組成

種類	部位	含水率 wt%	固形分 wt%	元素分析C wt%−dry	元素分析H wt%−dry	元素分析N wt%−dry
二年昆布	先端	84.5	15.5	33.6	7.7	1.4
	根部分	77.4	22.6	33.3	11.6	1.3
促成栽培	先端	75.5	24.5	34.5	8.8	1.1
	根部分	80.4	19.6	33.8	12.8	1.0
	ガニアシ貝付き	67.8	32.2	26.6	3.1	2.3
	ガニアシ貝なし	85.1	14.9	32.2	9.4	2.7
雑海藻						
魚腸骨		68.2	31.8	53.3	13.9	8.7
濃縮汚泥（下水）		99.4	0.6	43.3	11.5	7.4

ン発酵施設の課題ともなる．次にメタン発酵から出てくる消化液の液肥としての肥料化が可能であれば，バイオマスのエネルギー変換後の多段階利用ができて，効率的な藻類のバイオマス利活用になる．

以上のことは，水産バイオマスネットワークと藻類のバイオマスから藻類を始めとする植物の液肥へと循環し，循環システムの構築となる．

3-2 コンブ残渣発生とエネルギー抽出
1) バイオマス発生状況と性状の把握（2005年）

養殖コンブの生産地である函館市全体では，養殖ロープに固着しているコンブの根（ガニアシ）を2,686 t/年排出している（2005年）．養殖コンブには1年で製品にする促成栽培のコンブ，天然コンブと同じように2年栽培する二年コンブがある．おもに促成栽培のコンブでは，乾燥場で乾燥する場合，葉長が2 m以上あると乾燥吊り作業が迅速に行えないこと，また乾燥しても品質の等級が落ちることから，2 mで先端部分は引き上げ時に海中に切り落としている．この引き上げない切り落とし量が8,057 t/年あると推定されている（2005年調査）．また，天然コンブの生育の障害になる雑海藻の駆除により20 t/年ほど海藻廃棄物が発生している（2005年試算）．これらの廃棄物がバイオマスのエネルギー変換の材料となる．また，水産加工廃棄物として魚腸骨が1～2万t/年と推定されるが，ほとんどがフィッシュミールの原料として利用されていた．表8-3では，廃棄物処理場へ搬入された量737 tを計上している．ホタテの貝殻や

(注) wt%：湿物ベースでの重量%，wt%-dry：乾物ベースでの重量%

元素分析S wt%-dry	計算値O wt%-dry	灰分 wt%-dry	高位発熱量 kJ/g-dry	元素分析N mg/l	函館市での廃棄物としての発生量（t）
1.0	40.5	15.7	13,200	129,435	
1.5	29.5	22.7	15,700	235,500	
0.7	41.9	13.0	13,500	241,086	8,057
0.5	31.9	19.8	13,600	187,833	
1.1	34.4	32.6	5,580	104,821	2,686
1.4	29.2	25.1	13,800	162,500	
					20
0.9	14.9	8.3	26,200	401,555	737
1.8	19.8	16.3	19,300	13,300	

コンブ，魚腸骨の組織

重金属が含有されていて問題になるホタテのウロやイカゴロについては，少量であることや，飼料などに利活用されておりここでは取り扱わない．現在，コンブ残滓のガニアシと呼ばれる部分は，陸上で堆肥化処理されているが，このカニアシより大量にでている葉先部分（図8-3）は海中に残されたままである．

各水産バイオマスの組成は表8-3に示すとおりである．ガニアシの概略性状は，含水率85wt%，灰分25.1wt%，窒素含有率2.7wt%-dry，高位発熱量13,800 kJ/g-dryであった．コンブの他の部位より灰分が多く，特に洗浄処理しない貝殻付きでは，固形分および灰分が非常に多い．魚腸骨の概略性状は，含水率68.2wt%，灰分8.3wt%，窒素含有率8.7wt%-dry，高位発熱量26,200 kJ/g-dryであった．その他，函館市内では，家畜排泄物，生ゴミ，牛乳工場加工残渣，下水汚泥などが発生しているが，堆肥や飼料として利用されているものが多い．

2) メタン発酵試験の実施例

函館圏で発生する海藻でメタン発酵試験の結果を示す．実験は次の7種類において行った．ガニアシ，二年コンブ葉先，促成栽培コンブ葉先，二年コンブ葉体根元，促成栽培コンブ葉体根元，魚腸骨，下水汚泥（図8-4）を対象としたメタン発酵バッチ試験を行った．

前調整として，魚腸骨，ガニアシ，二年コンブ葉先，促成栽培コンブ葉先，二年コンブ葉体根元，促成栽培コンブ葉体根元に，それぞれ固形分が5%になるように希釈水を加え，ジューサーミキサで破砕するという前調整を行った．なお，下水汚泥は含水率が99%と高かったため，前調整は行わなかった．この7検体について，メタン発酵をさせるために，それぞれ可溶化処理を行った．ここでは，酸生成菌を含む可溶化種菌を加え，約30℃で2日間静置培養を行った．メタン発酵では有機物の加水分解〜有機酸生成〜バイオガス生成が行われる．この可溶化処理では，主に有機酸生成までを行っており，このようにそれぞれの反応に適した条件で処理を行うことで，発酵効率を上げることができる．メタン発酵は，メタン発酵種母を入れたバイアル瓶にそれぞれの可溶化処理済液を加え，上部を窒素置換した後キャップをし，恒温槽（55℃）内に14日間設置した．14日後，バイアル瓶上部のガス組成を測定し，発生したメタンガス，二酸化炭素ガス量を計算した．表8-4および図8-5にそれぞれの前発酵処理済液から発生したバイオガス発生量を示す．本試験で全ての原料からバイオガスの生成が見ら

8章 藻類 ―養殖コンブ廃棄物を事例として　111

根
先端部
ガニアシ

図8-3　昆布の部位

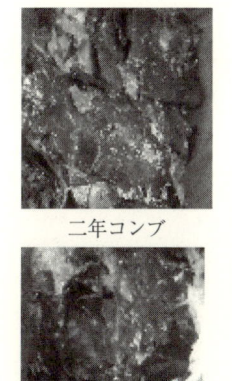

二年コンブ

ガニアシ

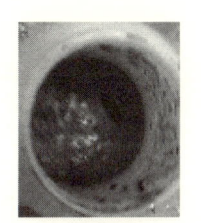

魚腸骨

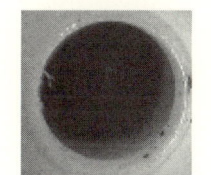

促成栽培コンブ

濃縮汚泥

図8-4　メタン発酵原料

表8-4 メタン発酵試験結果

	コンブ（先端）	コンブ（根）	促成コンブ（先端）	促成コンブ（根）	ガニアシ	魚腸骨	下水汚泥
メタン発生量（ml）	46.5	47.2	48.9	51.0	35.3	38.4	29.5
投入量（ml）	4	4	4	4	8	3	9
COD（mg/l）	42,533	45,400	48,400	43,733	23,567	67,500	21,100
CODcr 消費率	0.78	0.74	0.72	0.83	0.53	0.54	0.44

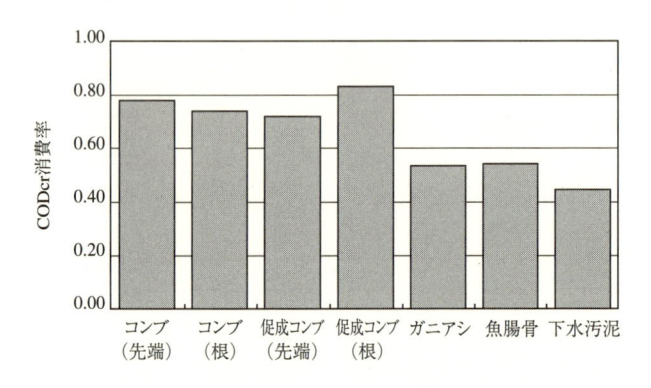

図8-5 メタン発酵試験結果

れた.

メタン発酵では有機物が消化され，一部がバイオガスとして気相へ抜けていく．そのため，発酵液中の有機物量は減少する．有機物量の指標としては，CODcrなどが用いられるが，嫌気性のメタン発酵では，発酵過程で消費された（減少した）CODcr量とメタンガス発生量に下記の理論式が成り立つ．

CODcr 消費量（g）＝メタンガス発生量（ml）／0.35 … (1)

そこで，(1)式よりCODcr消費量を求め，投入したCODcr量のうち，どれだけメタンガスとして消費されたかを求めることにより，原料の発酵のし易さを比較できる．

本試験で用いた原料は，有機物量（CODcr量）が異なるため，上記により，CODcr消費率を計算し，それぞれの原料のメタン発酵の状態を比較した．発酵実験開始後14日後の結果を図8-5に示す．コンブの葉の部分に関しては，部位や生育年数によらず，消費率は70～80％であった．消費率が非常に高いと言わ

れる生ゴミが80〜90％であり，コンブは生ゴミに若干劣る程度の，メタン発酵し易い原料の一つであると考えられる．ガニアシの消費率はやや低く50％程度で，魚腸骨と同程度で，下水汚泥に比較すると高かった．貝殻付きおよび洗浄後のガニアシとも，コンブに比べると分解しにくい成分が含まれると考えられ，発酵し難いという結果になっているが，一般にメタン発酵の原料として用いられている下水汚泥に比べると値が高いことから，メタン発酵可能な原料であると考えられる．

§4. バイオマスネットワーク構築可能性の検討

4-1 バイオマス情報の共有

原料バイオマスと変換された製品需要の安定的な確保において，バイオマス発生源（供給者）と一次産業従事者などの利用者を結びつける仕組み，介在する利活用技術とのマッチングが重要であり，バイオマスの発生と製品需要に関する諸情報（量，質，場所，時期など），および利活用技術動向に関する情報を包括的に管理し，情報提供するシステムが必要である．

4-2 継続的な技術開発・改良

バイオマス利活用プラントの適切な運転管理を行うためには，常に改善・改良を意識した事業継続が求められる．利活用プラントの日々の運転管理を通じて得られた不具合点などの情報を受け，技術提供側の大学や研究機関，プラントメーカー，単体機器メーカーなどが参画して改善案の検討と実施を行っていく必要がある．

以上より，バイオマス利活用事業の継続には，バイオマス供給と利用を行う一次産業や二次産業などの従事者，バイオマスの収集運搬業者，大学や研究機関，利活用技術に関する専門企業，地元企業，自治体などが協力して取り組むことが必要であり，さらにはバイオマスの利活用を通じた循環型社会の形成，低炭素社会の実現などを広く市民にアピールし，バイオマス利活用事業に対する理解と環境意識の向上を図るために，NPO，市民ボランテイア，主婦，学生，シルバー世代などの参画と協働も重要であるため，これらの関係者や所属する組織・団体などが参画する地域バイオマスネットワークを構築することが必要である．

これらのネットワークがないとバイオマスの供給が効率よく行われないとか，特に水産物バイオマスでは時期的に偏在するので，供給されない時期における代替バイオマスなどを考えておく必要がある．また，メタン発酵によるバイオマスの利用は必ず消化液の処理の問題が発生し，その処理のネットワークをもっておかなければバイオマスメタン発酵は実現しない．図8-6にバイオマスネットワークの構想を示す．

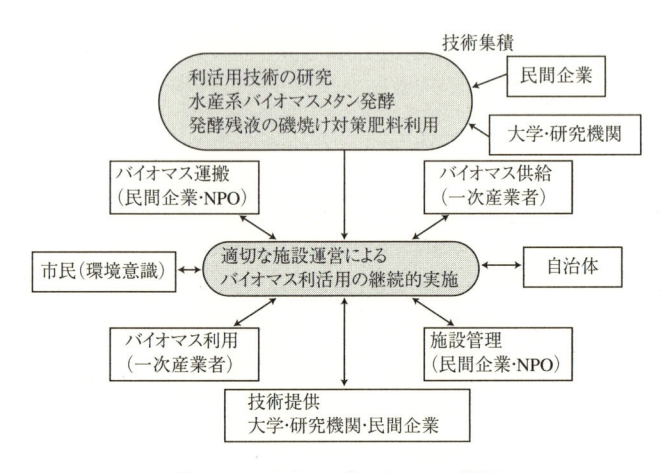

図8-6 バイオマスネットワーク構想

§5. バイオマス利活用技術の評価と課題

5-1 コンブ残滓などのメタン発酵技術

　ガニアシのメタン発生量は若干少ないものの，コンブ葉先・根元は家畜排せつ物や汚泥など既にメタン発酵が一般的に行われているバイオマスと同程度であったため，メタン発酵によるエネルギー回収は十分可能である．また，メタン発酵では発酵残渣である消化液の処理が問題となっている．これに関してはコンブ養殖用の液肥としての利用が期待された．従来の化学肥料などの施肥実験研究結果からみて施肥は有効である（図8-7）．施肥の有効性を実験した肥料成分と海藻（アオサ）発酵残渣廃液成分を比較したものが表8-5である．表8-5

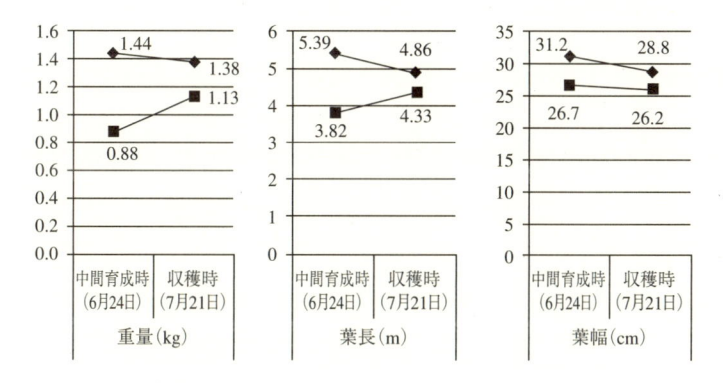

図 8-7 施肥によるコンブの生長効果（米田，1989）

表 8-5　海藻メタン発酵廃液の成分と施肥肥料成分

	メタン発酵残渣		施肥料の化学組成
	アオサ	牛乳とアオサ(1：4)	(g/l)
水分%	−	5.78	
窒素全量(N)%	1.85	4.36	11.2
リン酸全量(P2O5)%	−	1.68	1.6
カリ全量(K2O)%	0.38	0.27	
石灰全量(CaO)%	12.1	14.1	
有機炭素(C)%	11.13	21.83	
C/N	6.00	5.7	
備考			その他　鉄，ホウ素，マンガン，ヨードなど微量成分を含む

（米田，1989；(独)新エネルギー・産業技術総合開発機構(NEDO)，2006，2007）

では実験が異なるので同じ成分構成を比較できなかったが海藻の肥料となる窒素成分が非常に多いので，発酵残渣も肥料として効果があると考えられる．また養殖コンブの施肥以上に現在沿岸域において問題となっている磯焼け対策への効果があると考えられる．

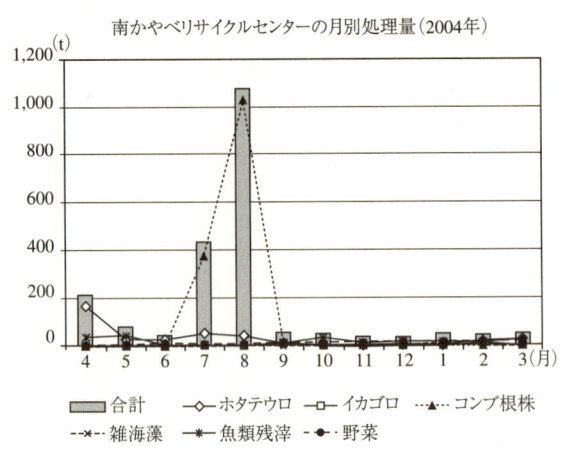

図 8-8 コンブ残渣の発生
（函館市南かやべリサイクルセンター）

　コンブ残渣の発生は主に夏季に集中（図8-8）しているため，原料となるバイオマス量の平準化が課題である．対策として，食品加工場残渣，魚腸骨残渣および下水処理の活性汚泥などの投入が考えられる．それらのメタン発酵試験もコンブ以上の発酵ガスが得られるので函館のような種々の水産系廃棄物があるところでは平準化は可能である，そのためには，それらを供給するネットワークが必要である．

5-2 「はこだてバイオマスネットワーク」の構築
　バイオマス利活用事業には多くの産業分野，技術，人，組織などが関係する．その中でも，地元の一次産業従事者，企業，自治体，大学などの研究機関の役割は大きく，商工会議所や漁協，農協，林業組合などが中心となった事業展開が必要であった．このため，これらを中核とする「はこだてバイオマスネットワーク」を構築し，事業の計画から実施，運営，技術改良や応用，市民に対する情報発信・環境教育を行うことは非常に有意義であると判断された．コンブ残渣の発生からメタン発酵，廃液の施肥の縦罫列のネットワークが必要である．また，メタン発酵の季節的な平準化のためには，コンブ残渣がないときにメタン発酵材料の他分野からの供給が必要であり，水平的なネットワーク構築が必要であ

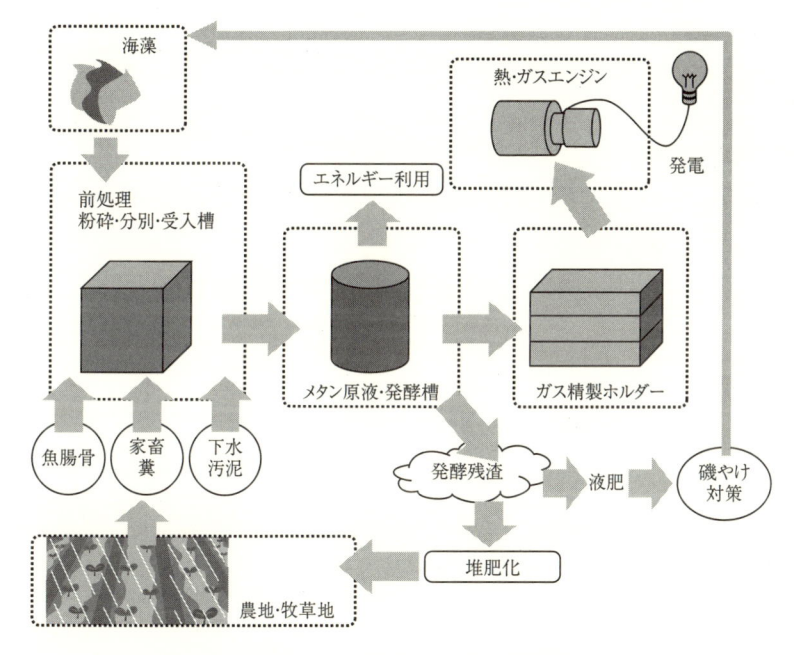

図8-9 海藻系バイオマスネットワークと循環システム

る．今後は，具体的なネットワーク構築と役割分担を進め，事業化の母体を作り上げていくことが課題である．その概念を図8-9に示す．

§6. 藻類のバイオマス利活用の課題

　藻類バイオマスの堆肥化の技術は確立されており，藻類バイオマスの有効な利活用として実用化され，CO_2削減の効果も大きい．さらに高度利活用として，バイオマスからエネルギーを抽出する技術は，メタンガスの発生抽出は実験室では可能である．しかし，バイオマスの発生時期の偏在の問題解決や抽出したメタンガスの実用化そして，メタンガス抽出後の廃液処理とその廃液の磯焼けへの施肥としての利用は今後の調査研究を待たなければならない．そのため，二つの大きな課題を示す．

　1) 藻類からのメタンガス抽出技術の実用化とその発酵廃液を藻類への液肥として利活用を行い，循環サイクルを確立する．

2）バイオマス利活用をバイオマス発生の時期的および特定バイオマスの量的な偏在を解消して継続的に行うためには，地域の全産業と廃棄物を処理する自治体などの産官連携が必要である．さらにバイオマス利活用後に出てくるメタン発酵廃液などの処分あるいはその利活用においても，地域の産官の協働したバイオマスネットワークの構築が必要である．

参 考 文 献

浅川典敬・広島 基・松井 徹・本松敬一郎・長野 章（2010）：海藻（養殖昆布残渣）によるエネルギー生成とそのためのネットワーク構築に関する研究，海洋開発論文集，土木学会，26，519-524．

（独）新エネルギー・産業技術総合開発機構（NEDO）（2006）：平成17年度成果報告書「海産未活用バイオマスを用いたエネルギーコミュニティーに関する実証試験事業」，pp.68-71．

（独）新エネルギー・産業技術総合開発機構（NEDO）（2007）：平成18年度成果報告書「海産未活用バイオマスを用いたエネルギーコミュニティーに関する実証試験事業」，pp.71-78．

（社）マリノフォーラム（2007）：平成18年水産系バイオマスの資源化技術開発事業報告書，pp.15-16．

米田義昭（1989）：貧栄養海域における海そう資源増産のための応用研究，水産学術研究・改良補助事業報告，pp.12-13．

9章

貝　殻
―主にホタテ貝殻の利用例について

岡部敏弘
坂本寿信

　わが国の水産資源は減少傾向にあるもののホタテ貝（図9-1）やカキ貝，アコヤ貝などは人工的な養殖手法が確立され，気象災害などがなければ毎年ほぼ安定した水揚げ量が期待されている．一方で養殖された貝類は，食用や必要な部分を採取した後の貝殻は総重量に占める割合が50％〜80％と多く，そのほとんどは，水産廃棄物として廃棄処分（多くは野積みされていると推察；図9-2）されていることから，貝殻の有効利用の研究は各方面，各分野で様々な取り組みが実施されているのが現状であろう．

　日本全国におけるホタテ貝の生産量を調査すると図9-3に示すとおりであり，95％以上を北海道，青森で占めていることがわかる．青森県においては，年間約4〜5万tのホタテ貝殻が廃棄されている．

　本章では，北海道，青森において水産廃棄物として大量に発生するホタテ貝殻を取り上げ，現在の有効利用について述べる．

図9-1　ホタテ貝殻

図9-2　全国のホタテ生産量

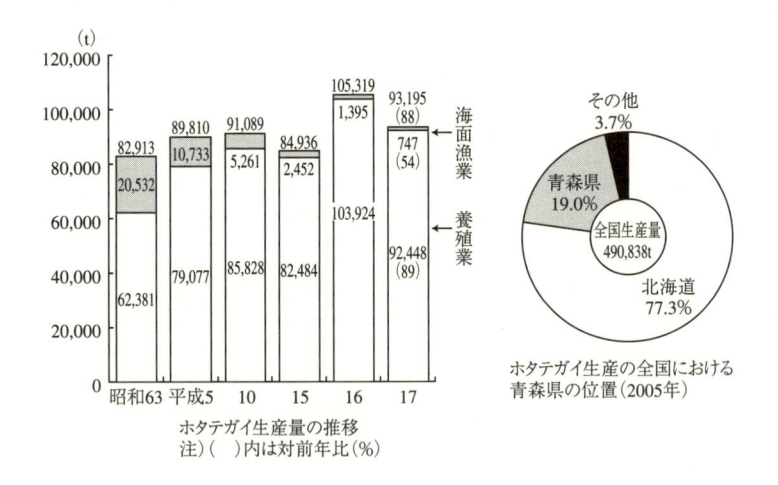

図9-3　ホタテ貝殻の野積み状況

§1. ホタテ貝殻の成分など

　ホタテ貝殻を粉砕し粉末化したものの化学組成の分析結果を表9-1に，性状を表9-2に示す．また，粉砕したホタテ貝殻を顕微鏡で拡大した写真を図9-4に示す．
　ホタテ貝殻の化学組成より，その多くはCaO（酸化カルシウム）であり，組成上，石灰岩石粉（石灰岩を粉末化したもの）とほぼ同様であることがわかる．また，ホタテ貝殻を粉末化したものの性状は，密度が2.6〜2.7g/cm^{3}と石灰岩

9章　貝殻 ―主にホタテ貝殻の利用例について

表9-1　ホタテ貝殻の化学組成

	化学組成（%）						
	強熱減量	SiO$_2$	Al$_2$O$_3$	Fe$_2$O$_3$	CaO	MgO	計
ホタテ貝殻粉末	42.7	0.27	0.06	0.06	54.44	0.17	97.7
石灰岩石粉の例	42.9	0.26	0.29	0.12	54.6	0.28	98.5

表9-2　ホタテ貝殻粉末の性状

密度（g/cm^3）	pH（焼成前）	pH（焼成後）
2.6～2.7	9～10	12～13

石粉とほぼ同じであり，pHも通常は9～10程度の弱アルカリであるが，高温で焼成することで12～13となり強アルカリへ変化する特徴を有している．図9-4の顕微鏡拡大写真からは，主成分であるCaCO$_3$（炭酸カルシウム）の存在が見られる．このことはホタテ貝殻が，石灰岩石粉とほぼ同じ性質をもっているといえる．また，炭酸カルシウムは結晶構造の違いによりカルサイト，アラゴナイトおよびバテライトに分類されるが，粉砕されたホタテ貝殻は，石灰岩微粉末の主成分と同じくカルサイトである（橋本ら，2008）．

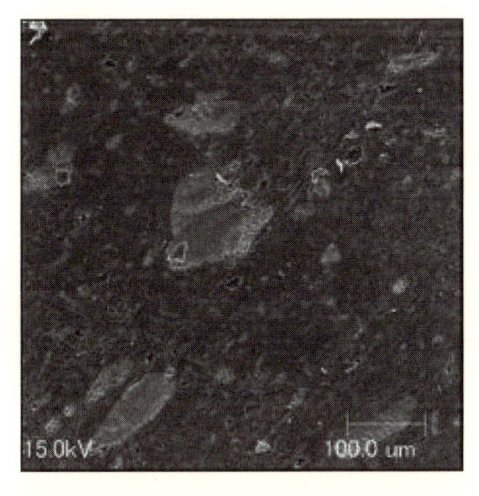

図9-4　粉砕したホタテ貝殻の顕微鏡写真

ホタテ貝殻粉体と石灰岩粉体について即発ガンマ線分析（PGA）を行った結果を図9-5，9-6に示す．どちらも主成分である炭酸カルシウム由来のCaが強く出ていることがわかる．相違点としては，ホタテ貝殻粉体にはNa(ナトリウム)やB（ホウ素）がより多く含まれていることが確認できる．いずれも海産物であることからと推定される．また，即発ガンマ線分析で特に検出しやすいCr（クロム），Cd(カドミウム)は，両者ともCrは検出されず，Cdは石灰岩粉体で0.5 ppm

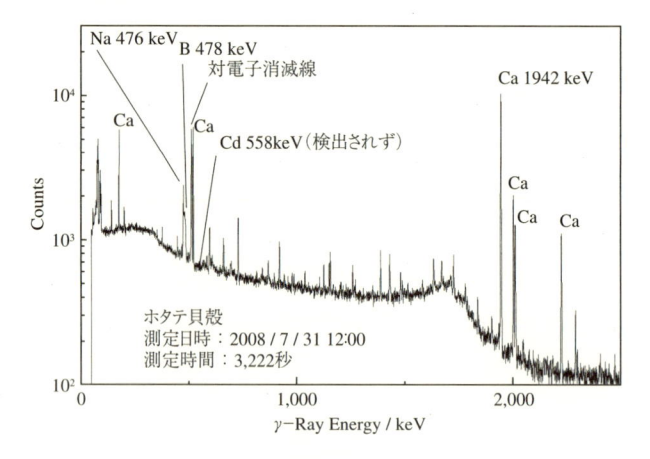

図9-5 ホタテ貝殻粉体のガンマ線分析

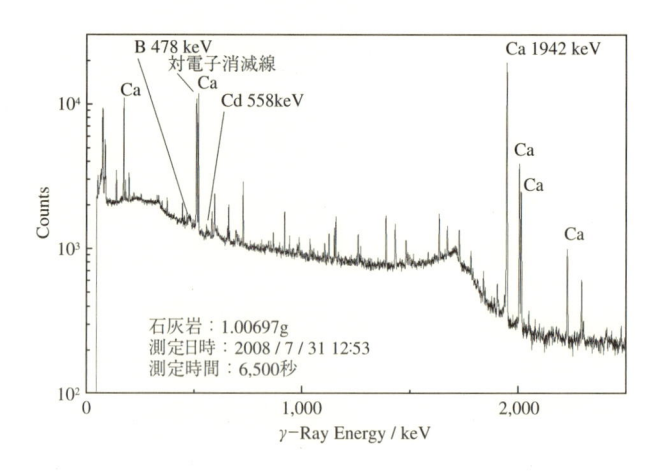

図9-6 石灰岩粉体のガンマ線分析

検出された．ホタテ貝殻は，安全性について問題ない材料であるといえよう．

§2. プラスチック製品への応用

　プラスチック製品は，その由来である石油資源や，その処理（埋立地の限界，焼却による CO_2 排出など）に関連して，大きな問題となりつつあり，脱石油製

品化やCO$_2$削減化が今日および未来に向かって要求されるであろう．一方，ホタテ貝殻もその処理については問題化してきており，有効活用が期待されている．また，ホタテ貝殻は，図9-7に示すように焼成→消化→炭酸化の循環型材料であることが最大の特長である．主な構造として，幅数μm程度の短冊状の炭酸カルシウムの結晶が規則正しく配列しているので，粉砕すると炭酸カルシウムの結晶形状により，棒状の粉体が得られる．

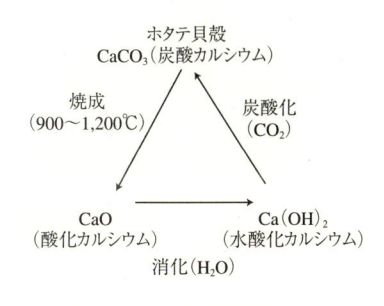

図9-7 ホタテ貝殻のサイクル

そこで，ホタテ貝殻パウダーをポリプロピレン樹脂（以下，PP樹脂）と複合化すると，一般に用いられている繊維強化材などと同様に機械的物性を向上させることができると考えられることから各実験をおこない，ホタテ貝殻を添加したプラスチック製品（箸型サンプル，皿型サンプル，育苗ポット）を作製した．

2-1 ホタテ貝殻パウダーとPP樹脂

ホタテ貝殻パウダーは「青森エコサイクル産業協同組合」製を使用しており，その製造フローは，ホタテ貝殻を水で洗浄した後に乾燥させ1次粉砕（粒径約1 mm）し，その後2次粉砕工程で，各粒度にホタテ貝殻パウダーを調整する工程となっている．本開発では，平均粒径6μm（CaO），平均粒径21μm（CaCO$_3$），平均粒径100μm（g-CaCO$_3$）の3種類のホタテ貝殻パウダーとPP樹脂を混練りした機能性複合材料を作製（図9-8）し，それぞれ物理特性を確認した．結果を表9-3に示す．

ホタテ貝殻パウダー50％＋PP樹脂50％の割合（重量比）で混練した場合，引張／曲げ強度はホタテ貝殻パウダーの粒径に関わらず，ほぼ同レベルの数値を示している．そこで本開発では，コストも安価な平均粒径100μm（g-CaCO$_3$）のホタテ貝殻パウダーを用いて配合の検討を行った．

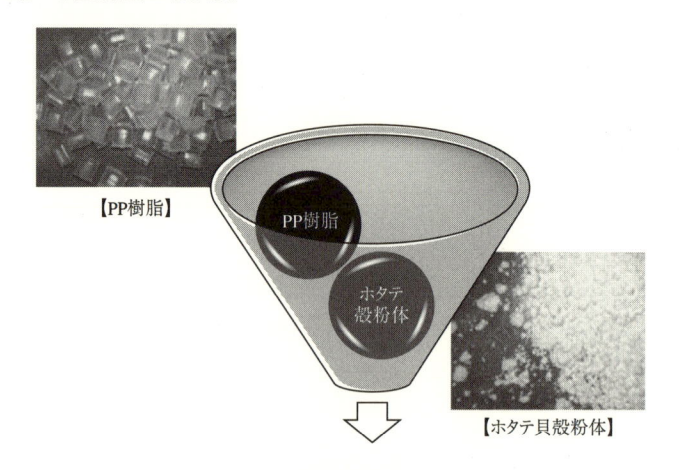

図9-8　機能性複合材料の製造過程

表9-3　粒径の違いによる物理特性

物理特性	6μm（CaO）	21μm（CaCO$_3$）	100μm（g-CaCO$_3$）
引張強さ（MPa）	24.1	24.1	24.0
曲げ強さ（MPa）	49.9	51.3	50.0
引張強さ/曲げ強度	0.48	0.47	0.48

2-2　配合の検討（強度強化樹脂の検討）

　本開発では，セルロース繊維を添加することで開発製品の引張強度および曲げ強度の向上が期待されることから，目標値を引張強度 35 MPa，曲げ強度 65 MPa と設定し，表9-4 の配合率で物理特性を検証した．結果を表9-5 に示す．

　試料①，②，③において，それぞれ目標値である引張強度 35 MPa，曲げ強度 65 MPa を満足すること，また，その他の項目についても一般的に使用されているプラスチック製品と比較しても大きく異ならないことがわかった．

表9-4 配合率

各材料	試料①（重量比）	試料②（重量比）	試料③（重量比）
木材セルロース	32.1%	30.6%	28.4%
PP樹脂	46.5%	44.3%	41.2%
相溶化剤	1.6%	1.5%	1.4%
ホタテ貝殻パウダー	19.2%	22.9%	28.4%
バイオマス度	51.3%	53.5%	56.8%

表9-5 物理特性

物理特性値	試料①	試料②	試料③
引張強さ（MPa）	41	40	39
引張呼び歪み（%）	2.2	2.2	2.0
曲げ強さ（MPa）	69	67	67
曲げ弾性率（MPa）	5,200	5,400	5,800
曲げひずみ（%）	2.6	2.4	2.3

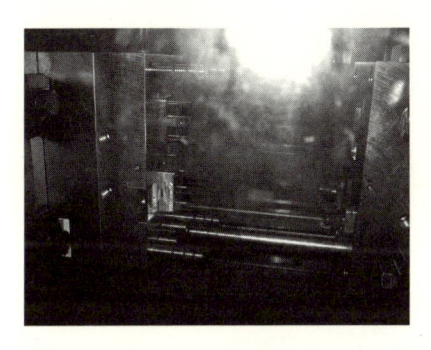

図9-9 成型用金型　　　　　図9-10 フタ付き容器

2-3 プラスチック製品について

　ホタテ貝殻パウダーとPP樹脂を混練りした機能性複合材料から図9-9に示すような成型用金型を作製し，図9-10に示すフタ付き容器を作製した（大川ら，2008）．また，他にも箸型サンプル（エコ箸，図9-11），皿型サンプル（図9-12）を作製した（古川ら，2010）．

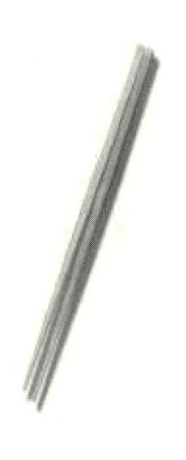

図9-11 エコ箸（サンプル）

図9-12 皿型サンプル
ホタテ貝殻パウダーとPP樹脂を混練した成形型品

2-4 抗菌性

ホタテ貝殻（主成分 $CaCO_3$）を1000℃で焼成すると CaO になり水と反応して強アルカリ（$Ca(OH)_2$）となる．強アルカリを利用することによりすぐれた抗菌性が期待できる．そこでホタテ貝殻パウダーと PP 樹脂を混練りし射出成形機により皿型サンプル（図9-12）を作製し，抗菌性，物理特性を検討した．

図9-13より，大腸菌接触から1時間培養後の状況から，PP 樹脂単体の方は

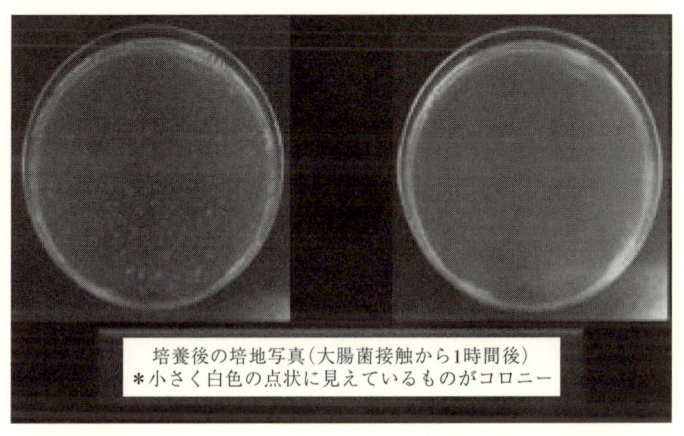

9章　貝殻　―主にホタテ貝殻の利用例について　*127*

PP樹脂単体　　　　　　　　焼成1000℃ホタテ貝殻
　　　　　　　　　　　　　パウダー入りPP樹脂

図9-13　抗菌テスト結果

小さく白色の点状にコロニーの菌数は2.1×10^4，ホタテ貝殻パウダー入りPP樹脂は検出限界以下となり，大腸菌に対して抗菌効果が認められた（橋本ら，2008）．

2-5　今後の課題など

　今回開発した機能性複合材料を用いたプラスチック製品は，石油系プラスチック樹脂を最大56.8％削減した素材となっており，一定の成果が得られたと考えられる．今後，石油系プラスチック樹脂の代用として，ポリ乳酸をはじめとする生分解性樹脂に置き換えるなども考慮し，さらなる脱石油化，再資源化，CO_2削減化を図っていく必要があると考えられる．また，抗菌効果についても検証していく必要があると考えられる．

§3.　セメントコンクリートへの利用（港湾構造物）

　ホタテ貝殻をコンクリート用細骨材の標準粒度程度に粉砕（以下，シェルサンドと記す）して，天然骨材と混合してコンクリート用細骨材として適用する研究が行われ，2009年に「港湾構造物へのシェルコンクリート摘要ガイドライ

ン（案）〈改定版〉」が作成されている．なお，シェルコンクリートとは，シェルサンドを使用したセメントコンクリートのことを指す．

3-1 シェルサンドとその製造

シェルコンクリートで使用するシェルサンドは，ホタテの加工過程で貝殻の洗浄とボイル加工処理を施した貝殻を使用することを原則としている．これは加工処理される半成貝は，生産過程でボイルされるため貝殻に有機物，塩分含有量が少ないことによるものである．一般に鉄筋を有するセメントコンクリートは，塩分があることによって鉄筋が腐食されるため，使用材料の塩分量が規定されている．シェルサンドにおいて実際に測定された塩分量は0.003〜0.004％であり，規定値0.04％より1桁小さい値である．また，有機物もセメントコンクリートの硬化に影響を及ぼすため有機物含有量も規定されている．

シェルサンドは従来行われているブルドーザーやマカダムローラなどの重機による粉砕や，砕石工場などで使用されているジョークラッシャーでは，粒径の大きな試料（20 mm以上）が作製されるため次工程でふるい分けなどの作業が付加することになる．これに対して，セメントコンクリート塊の破砕に使用されている回転式破砕（図9-14）方法は，破砕後の粒径を5 mm以下にすることができる．また，破砕されたシェルサンドの形状は扁平な薄片や棒状となる．破片のアスペクト比（縦横比）は0.8〜2.0の範囲にあり，平均的には1.2程度である．図9-15に製造されたシェルサンドを，図9-16にシェルサンドの顕微鏡写真を示す（木村ら，2008；高橋，2008）．

図9-14　回転式破砕機

3-2 シェルサンドの密度，吸水率，粒度

粉砕され製造されたシェルサンドの絶乾密度は 2.59～2.63 g/cm^3 の範囲であり，吸水率は 0.9～2.1％程度で，JIS 規格を満足する．しかし，粒度は図 9-17 に示されるとおり，2～5 mm の粒径の部分が少ないため標準粒度の範囲には入らない．しかし，他の細骨材と混合することで標準粒度範囲内にすることができる．図 9-17 にシェルサンドを 25％，50％置換した場合の粒度曲線を示す．

図 9-15　製造されたシェルサンド

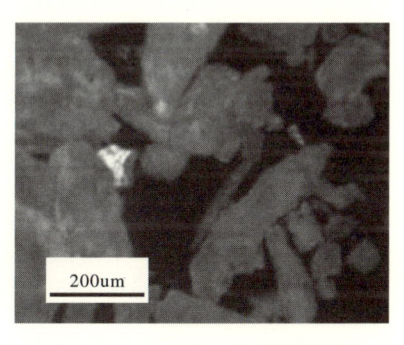

図 9-16　シェルサンドの顕微鏡写真

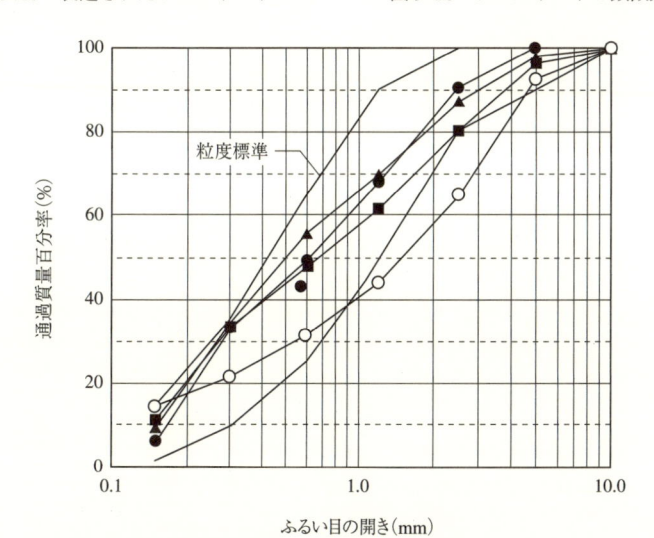

図 9-17　シェルサンドおよび天然砂との合成粒度
　　－●－：置換率 0％，　－▲－：置換率 25％
　　－■－：置換率 50％，－○－：細粉砕したホタテ貝殻

3-3 フレッシュなシェルコンクリートと硬化したものの性質の違い

単位水量を一定にした場合，シェルサンドの置換率を増加させるとスランプは小さくなり，スランプを一定にしようとすると単位水量は置換率の増加とともに大きくなる傾向があることから，作業性や強度特性などが絡む置換率，単位水量，スランプは配合時に十分検討する必要がある．また，運搬時間の経過にともなう性状の変化や，ブリーディングや凝結特性は，通常のコンクリートとほぼ同様であることから，プラントから現場までの運搬，打設は一般的な方法で問題ない．

シェルコンクリートの圧縮強度の変化は通常のコンクリートと比べて大きな違いはない．また，その変動も通常のコンクリートと同様である．ただし，通常のコンクリートに比べ，置換率の増加に伴い，圧縮強度に対する静弾性係数の値が若干であるが，小さくなる傾向がある．凍結融解抵抗性についても，シェルサンドの置換率50％までは，一般に必要とされている耐久性指数60％以上を満足しており，寒冷地の港湾構造物に対してもシェルコンクリートの適用は可能である．

3-4 使用例

国土交通省東北地方整備局八戸港湾・空港整備事務所が平成ケーソン2006年にケーソン根固めブロック（図9-18, 19）をシェルサンド置換率0, 25, 50％で作製し，2007年にケーソン蓋コンクリートをシェルサンド置換率25％で作

図9-18 シェルコンクリート製造

図9-19 根固めブロックの敷設

製し，耐久性などの実証実験を行っており，良好な施工性が確認されている．また，長期耐久性についても2年程度であるが問題ないと報告されている．

3-5 関係法規および実用化について

ホタテ貝殻は，「不要物」として取り扱われる場合は，産業廃棄物として「廃棄物の処理及び清掃に関する法律」が適用され，「有価物」として取り扱われる場合は，同法の適用外である．

「有価物」として取り扱われる場合，有効利用に利するが，コスト面では原材料の購入費や破砕費が必要となり，天然骨材以下の単価設定が困難なことが多く，経済性の面からは採用されないケースがほとんどである．

このため，リサイクル材の使用に対して何らかのインセンティブが働く利活用促進制度および優遇措置が必要となる．なお，青森県では2005年度からリサイクル製品の使用を推進し，「青森県リサイクル製品認定制度」を新設しており同制度の適用を得ることが望ましいとしている．

§4. アスファルトコンクリートへの利用（道路舗装材）

道路舗装材であるアスファルトコンクリート（アスコン）へ利用する最大の利点は，その膨大なストック量を有する道路へ添加できることから大量消費が可能であるということである．

実例においては，アスコンの骨材の一部として使用しており，使用量は約30％程度まで可能であるとされている．

青森県を例にとると，青森県全体でのアスコンの生産量は年約80万t程度である．ホタテ貝殻は，年約5万t程度発生し1万t程度は再利用されているが，残り4万tはストック（野積み）されているといわれている．ここで，アスコンに5％でも添加できると，アスコン80万t×5％＝4万t≧ホタテ貝殻未活用4万tとなり，未活用の貝殻を消費することができる．机上の論理ではあるが，問題解決の大きな手法であるといえる．

4-1 ホタテ貝殻のアスコンへの添加方法

アスコンは，砕石，砂，石粉，アスファルトから作られる．この材料中の石

粉は，まさに石灰岩を粉末化したものであり，性状も $CaCO_3$ 炭酸カルシウムであることから，当初，ホタテ貝殻も粉砕し微粉末化したものを石粉と置換し使用してみたところ一般のアスコンと同様で問題ないことがわかった．しかし，粉砕，微粉化でコストが増加（約5倍）することから，経済的な面でなかなか普及されなかった．そこでコストダウンを考えホタテ貝殻を13～0 mm に粗割り，粉砕した骨材（図9-20）

図9-20 粗割したホタテ貝殻

を作製し，砕石や砂の一部として使用可能か検討した．ホタテ貝殻13～0 mm は，「青森エコサイクル産業協同組合」で生産していただいた．生産されたホタテ貝殻13～0 mm は，材料試験を行った結果，アスコンに使用する砕石の基準を満足していることがわかった．

次に，アスコンへの配合を検討した結果，室内試験においては，砕石，砂との置換率20～30％までは，各基準（粒度，強度など）を満足することがわかった（坂本・有路，2010）．

4-2 試験施工

室内試験結果を受けて，青森県の県道において試験施工を行い，約2年間の追跡調査を実施した結果，図9-21～図9-23に示すとおり，わだち掘れ量，平たん性，すべり抵抗とも一般の舗装とほぼ同程度の耐久性，供用性を有していることがわかった．

試験施工の結果より，現道でのアスコンへの適用が可能となったことから，図9-24，図9-25に示すように車道および歩道，駐車場などで施工を行っている．表面は，ホタテ貝殻が施工直後はアスファルトでコーティングされているが,徐々に現れてくるため，景観的な面でも付加価値が得られる．また，ホタテ貝殻は，形状は扁平であり，内部に空隙を含むポーラス的な構造を有していることから，熱の機能的な面で断熱性を有していることが考えられ，夏季の温度上昇抑制や，冬季の凍結抑制効果などが多少なりとも期待されている．今後の研究開発によってこのような機能的な付加価値が見出されると思われる．

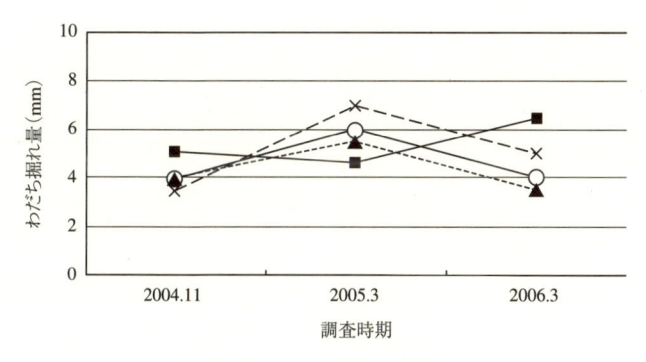

9章　貝殻　―主にホタテ貝殻の利用例について　　133

図9-21　わだち掘れの推移
－○－：置換率0%，－■－：置換率15%，－▲－：置換率20%，－×－：置換率25%

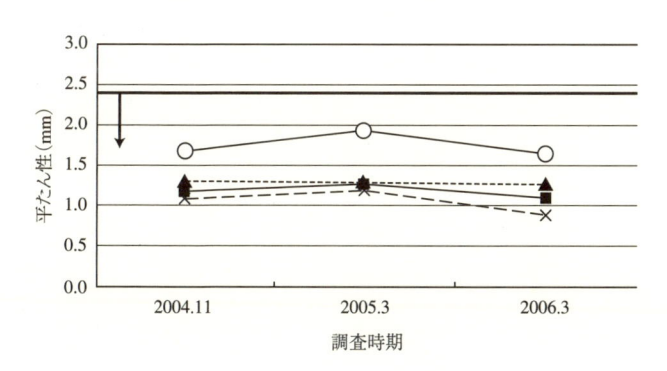

図9-22　平たん性の推移
－○－：置換率0%，－■－：置換率15%，－▲－：置換率20%，－×－：置換率25%

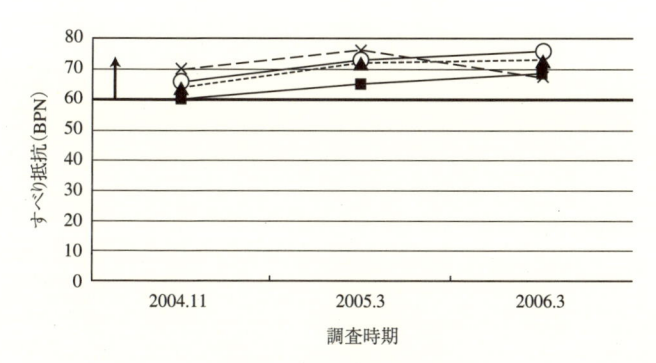

図9-23　すべり抵抗の推移
－○－：置換率0%，－■－：置換率15%，－▲－：置換率20%，－×－：置換率25%

図9-24　車道での施工例　　　　　図9-25　歩道での施工例

4-3　普及に向けた取り組み

　一般的なアスコン（舗装材）と遜色ないことや，施工事例も多くなったことから，普及に向けた取り組みについて検討した．一つは法的なインセンティブである「青森県リサイクル製品認定制度」の取得であり，もう一つは費用の低減である．

1）青森県リサイクル製品認定制度の取得

　リサイクル認定に関して問題となったのは，「概ねリサイクル率50％以上が必要」という項目についてである．ホタテ貝殻のアスコンへのリサイクル率（置換率）は，多くても30％程度までであり，これ以上は性能に問題が生じるためできない．しかし，この問題はアスコンの廃材30％とホタテ貝殻20％以上を置換し50％以上のリサイクル率を達成することで（再生アスコンとすることで）問題解決を図り，リサイクル認定を取得することができた．

2）費用の低減

　費用の低減のために，ストック場で重機に専用の破砕装置を付け，破砕とトラックへの積み込みを一体化して行う方法などを考案してみたが，費用の大幅な低減はできなかった．しかし，青森市には，「青森エコサイクル産業協同組合」というホタテ加工業者が共同出資し，陸奥湾産のホタテ貝殻を粉砕し，ラインパウダー，肥料，凍結防止剤などを作製，販売している会社が存在する．本会社と提携することで，市内の某アスファルトプラントでは，安定したホタテ貝殻13～0 mmを供給することが可能となり，費用の面でも企業努力によって，一般のアスコンと同等の費用でホタテ貝殻入りアスコンの製造が可能となった．

一般的に，リサイクル製品は運搬や加工が加わるため経済的には，費用が嵩み利用されないことが多いようである．しかし，今後の天然資源の枯渇や廃材処理の問題などの解決にはリサイクル製品が是非とも必要となると考えられる．ホタテ貝殻入りアスコンの例は，リサイクル製品を安価で製造し経済的な面でも普及推進させるためには何が必要かという問いに，一つのヒントを与えるものと思われる．

§5. その他の事例

ホタテ貝殻の利用例として，プラスチック樹脂への利用，セメントコンクリートへの利用，アスファルトコンクリートへの利用の事例を紹介した．この他にもホタテ貝殻については，様々な分野で，いろいろな観点から取り組みが行われている．以下に概要を示す．

1) ジェットバーナーと呼ばれる燃焼装置から発生するフレームジェットを用いてホタテ貝殻を再生利用可能な粒子に粉砕するシステムを開発した．粉砕後は補修機で30〜200μm，サイクロンで10〜100μm，バグフィルターで3〜30μmの貝殻粒子を採取できる．処理コストは原料ベースで2,310円/tである(島田ら，2007)．

2) ホタテ貝殻は，通常，柱状の結晶が積層した構造をとっているが，濃硝酸に溶解した後再結晶させた結晶は，球形のバテライト型炭酸カルシウムとなり，希硝酸に溶解した後再結晶させた結晶は，角型のカルサイト型炭酸カルシウムとなる．球形のバテライト型カルシウムで，顔料やセメント混和材としての適用性を検討した．顔料への適用は粒径を小さくする必要があり，セメント混和材への適用は，フライアッシュ混入と同程度の減水効果を示すことが確認できた（小林ら，2007)．

3) ホタテ貝殻を製紙用フィラー材などに利用するため，粉砕方法およびその粒径特性について検討した結果,貝殻は板状であるためジョークラッシャー,ロールクラッシャー，ボールミルでは効率的な粉砕が困難であり，インパクトミル，ハンマーミルなどの衝撃作用のある粉砕機が適している．粗粉砕工程における粉砕産物の粒度分布は，Rosin-Rammler-Bennet線図で直線になる．また，比較資料として用いたビール瓶と比べて粗粒分が多く粉砕され難いことがわかっ

た．貝殻中の主鉱物はカルサイトであり種々の形状の $CaCO_3$ 単結晶の存在が認められた（下川ら，2007）．

4) 都市ゴミ焼却灰とホタテ（カキ）貝殻という2種類の廃棄物を電気炉にて溶融後スラグを出滓させ大型の人口海洋石材の作製技術を確立した．作製した人工石材は，溶出試験から安全性が確認され，約2年間の藻礁としての海中観察（蕪島，今別漁港，浜名漁港，階上地区）の結果，海洋保全型資材として十分機能を発揮することが確認された．また，人工石材は建設資材としても利用可能なことがわかった（梅本・曽我，2003；吉本・曽我，2003）．

5) 植物原料から作られるプラスチックのポリ乳酸，産業廃棄物であるホタテ貝殻，天然鉱物のカオリンという環境負荷の低い素材をブレンドしてバイオマスを主成分とする成形した食器（お椀）を作製した．作製された食器は，耐衝撃性，耐熱性，電子レンジ高周波適正性および耐久性の試験をおこなった．いずれの試験においても JIS の規格に適合し電子レンジでも使用できることが確認できた．また，リサイクル性も良好であり，加水分解抑制剤をさらに添加することにより，曲げ物性の保持率が多くなり，耐久性が向上することが確認された（北川ら，2003）．

6) 畜産農家で発生する敷き料混入牛糞尿，刈芝，ホタテ貝殻を原料とした堆肥を配合した KT 法面緑化資材を用いて法面緑化試験を実施し，施工性やイネ科外来草木類の成長に与える影響を検討した．従来の吹付け機械による KT 法面緑化資材の吹付けは可能であり，化学肥料を添加する従来の工法と比較してイネ科外来草木類の植被率や草丈が良好であったことから，KT 法面緑化資材を法面緑化工に用いることは十分可能であることがわかった（苫米地ら，2009）．

7) ホタテ貝殻を焼いて微粉末化したホタテ貝殻石灰をイネに散布することで，イネの病気である「イモチ」が抑制される．また，カメムシ害や倒状も減るという．ホタテの抗菌物質とカルシウムがイネに吸収されることにより，抗菌物質によってイネ自身の抵抗力が高まり，カルシウムによってイネ自体が物理的に硬くなるためと考えられている．この他，野菜の尻腐れ，立枯れ，青枯れにも効果があるようである（兎内，2007）．

8) ホタテ貝殻を利用して水質浄化を図っている事例，研究は，数多くあり主なものをあげると，ホタテ貝殻を河床や堰に接触ろ材として吊り下げたり籠へ入れ使用したもの（宮地ら，2010；浅利，2005），工場排水の浄化を検討した

もの，ポーラスコンクリートへ添加したもの（渡邊・菅田，2005），砂とホタテ貝微粉末と酸化マグネシウムで団子状の塊を作製し河川や沼で使用したもの（平澤ら，2006）など多数あり，それぞれ浄水の効果があると報じられている．

参 考 文 献

浅利　満（2005）：ホタテ貝殻と間伐材の木炭を活用した水質浄化の取組み―春の小川づくり推進事業―，農土誌，73，823-824．

Hashimoto H., S.Kamamoto, M.Okawa, T.Okabe and R.Watanabe（2008）：Development of functional composite material made from scallop shell powder mixed with polypropylene resin；Proceedings of the 5th international workshop on green composites, Fukushima, Japan, pp.117-200.

平澤紘史・浦尻祐樹・原田正光（2006）：ホタテ貝殻粉末を用いた水質浄化材の開発，EQUAL，19，48-51．

国土交通省　東北地方整備局　仙台港湾空港技術調査事務所（2009）：港湾構造物へのシェルコンクリート摘要ガイドライン（案）〈改定版〉．

木村秀雄・高橋久雄・清宮　理（2008）：シェルコンクリートの港湾工事への適用，沿岸技術研修センター論文集，pp.49-52．

北川陵太郎・福田徳生・松原秀樹（2003）：ポリ乳酸を主成分とするバイオマス複合材料からなる食器の開発，愛知県産業技術研究所研究報告 2009，pp.10-13．

小林淳哉（2007）：ホタテガイ貝殻からの球状炭酸カルシウム粒子の調整，化学工学，71，352-355．

Kogawa Y., Y.Sato.,M.Okawa, H.Hashimoto, Y.Ito and T.Okabe（2009）：Development of functional composite material made from scallop shell powder, 19th MRS-Japan Academic Symposium.

宮地竜郎・中川智行・村松良樹・藤村朱喜・中川純一（2010）：ホタテ貝殻による水質浄化について，環境管理技術，28，15-20．

大川正洋・橋本宏道・岡部敏弘（2008）：環境調和型材料を用いたプラスチック射出成形技術について，実践教育研究発表会四国大会（四国職業能力開発大学校）．

坂本寿信・有路通夫（2010）：廃棄物（ホタテ貝殻）を活用した舗装材（エクシェル）について，平成22年度国土交通省東北地方整備局管内業務発表会，http://www.thr.mlit.go.jp/．

島田荘平・平山善章・佐藤晃一（2007）：フレームジェットを用いた貝殻粉砕・再資源化システム，噴流工学，124，19-22．

下川勝義・関口逸馬・吉田　豊・高松将宣（2007）：ホタテ貝殻の性状と粉砕性，カルシウム系廃棄物の資源化に関する研究，北海道応用地学合同研究会論文集，17，352-355．

高橋久雄（2008）：リサイクル材の港湾構造物への適用について；ホタテ貝殻のコンクリート用細骨材への活用，月刊建設，10，27-29．

兎内　等（2007）：イネにホタテ貝殻石灰，現代農業，10，54-58．

苫米地久美子・吹越公男・杉浦俊弘・馬場光久・小林裕志（2009）：青森県内の生物系未利用資源を活用した法面緑化資材の研究（Ⅲ），法面緑化試験，日緑工紙，pp.198-201．

梅本真鶴・曽我義明（2003）：ホタテ（カキ）貝殻を都市ごみ焼却灰に添加した海洋保全型資材の開発，環境研究，129，144-149．

吉本明正・曽我義貞（2003）：都市ごみ焼却灰と貝がらの溶融処理による海洋資材へのリサイクル，資源環境対策，139，65-69．

渡邊稔明・菅田紀之（2005）：ホタテ貝殻を用いたポーラスコンクリートの強度および水質浄化作用について，土木学会第 60 回年次学術講演会，pp.877-878.

IV 部

厄介ものとその利用

10章

クラゲ類
―特定成分と有効利用

横山芳博

　クラゲ類の大量発生が，世界的規模で漁業や工業などにしばしば影響を与えるようになってきている．日本沿岸域においても，大量のエチゼンクラゲが定置網などに侵入し，漁獲量の低下や漁具の破損，刺胞毒による魚介類の市場価値低下などの多大な被害を引き起こしている．また，大量発生したミズクラゲの発電所取水口への集積は，出力低下や発電停止の原因となっている．大量発生には，海洋の富栄養化，クラゲ類と餌生物が競合するプランクトン食魚類の乱獲による減少，クラゲ幼生が付着する基盤となる海岸域の人工護岸化など，様々な要因が複合的に関与していると考えられている．しかし，それらの要因に対する抜本的対策の実現は困難であり，大型クラゲの漁網侵入を防止する漁具の開発など，対症療法的対策が行われているのが現状である（安田，2003；安田，2007）．

　塩蔵クラゲとして古来利用されてきたビゼンクラゲやヒゼンクラゲなどのごく一部の食用クラゲを除き，クラゲ類は厄介モノとして扱われてきた（広海・内田，2005）．そのために，クラゲ類生体成分に関する基礎的研究は，漁獲対象となる有用魚介類に比べて多くない．本章では，この厄介ものを新たな海洋生物資源として有効利用するために行われているいくつかの取り組みおよび生体成分に関する知見を，「1．クラゲの個体全体を利用する」場合と「2．クラゲの特定成分を利用する」場合に分けて紹介する．

§1．クラゲの個体全体を利用する

　日本近海で大量発生して問題となるエチゼンクラゲやミズクラゲであるが，

それらは特に有害な成分を含むわけではない．それらの体成分は，食用クラゲと大きく異なるものではない．しかし，限られた期間，海域で大量発生すること，また，体成分はほとんどが水と塩分であることに問題があるといえる．以下に，クラゲ類の個体全体を利用する研究成果を紹介する．

1-1 食用

　これまでビゼンクラゲやヒゼンクラゲは，中華食材などに利用される塩蔵クラゲの原料種として，積極的に漁獲されている（かね徳，2001）．また，現在のところ日本では，ほとんど利用価値のない厄介ものとして扱われているエチゼンクラゲであるが，中国においては，本種も塩蔵クラゲに加工され，その一部は中国から日本へも輸出されている．私たちは知らず知らずのうちに，エチゼンクラゲを食べているといえよう．

　日本近海域における大量発生が問題となっているミズクラゲおよびエチゼンクラゲに関して，その対策の一環として食用資源としての有効な利用法がいくつか検討されている．ミズクラゲに関しては，塩蔵クラゲの品質改善について報告されている．すなわち，5％ミョウバン混合食塩を用いて作製した塩蔵ミズクラゲに関して，その食感（歯ごたえ，硬さ）は従来品に劣るが，90℃で数十秒の加熱工程を加えることにより，コリコリ感のある食用クラゲの食感に改善されるという（安部，2002；猿渡，2005）．エチゼンクラゲはその塩蔵品が日本に輸入されていることから明らかなように，日本においても直ちに食用種として利用可能である．しかし，従前の方法による塩蔵クラゲの製造方法は煩雑で，ミョウバンを多量に使用するため製造コストがかかり，さらに，製造日数が数週間から2ヶ月程度と長期間を要することから，人件費がかかるなどの問題がある．そこで，製造コストの低減を目指した研究がなされ，エチゼンクラゲにミョウバン，混合塩，食塩を用い，圧力処理を行うことにより，全製造工程におけるミョウバン使用量の低減と工程の大幅な短縮，簡略化を図ることができることが明らかとなっている（岡崎，2005；西川・小林，2006）．

　また，ミズクラゲやエチゼンクラゲの断片や粉末などを用いる様々な食品が試作され，醤油，ゼリー，コンニャク，クッキーやアイスクリームなどとして一部販売されている．このように，厄介もののクラゲ類も，すでに様々な食品として利用されている．しかしながら，例えば，大量発生したエチゼンクラゲは，

一晩で定置網に数千から1万個体以上が入網することも多い．50 kg程度の小型のものが1万個体入るとすると，その重量は一網で500 tになる．残念ながら，様々な食材としての利用が試みられているが，食材としてのみの消費量は大量のクラゲに対して不十分といえる．

1-2 餌料

Suzuki et al.（2006）は，セミエビ，イセエビ，カノコイセエビ，ゾウリエビなどのイセエビの仲間の幼生の中腸腺から分離した18SリボソームDNA塩基配列を解析し，データベースから得られた類似配列を用いて系統樹を作製して，自然界ではどのような生物種がそれらイセエビの仲間の初期餌料となっているかを検討している．その結果，植物，甲殻類や尾索動物に加えて，クラゲの仲間も捕食されていることが明らかとなっている．

エチゼンクラゲは海中を浮遊しながら，イボダイ，イシダイ，マアジ，オキヒイラギ，カワハギなどの魚類を随伴していることがある．これらの魚類は，エチゼンクラゲを隠れ家として利用するとともに，エチゼンクラゲの体の一部を餌として利用しているとも考えられている（安田，2003；安田，2007）．また，マダイやイシダイ，イボダイなどの釣餌にエチゼンクラゲが用いられていたことがある（下村，1959）．海岸沿いに生活している人々にとって，小型のカワハギの大群がミズクラゲの内傘に群がっているのはしばしば目にする光景であるが，カワハギ用の籠の餌料としてミズクラゲが福井県下では古くから用いられていたという（安田，2003）．このように，クラゲ類を積極的に捕食する魚類の存在は古くからよく知られるところである．また，養殖を念頭においた魚類餌料としての有効性が，ウマヅラハギ（橘高，2005）やマサバ（青海・木野，2010）などで検討されている．後者の報告においては，試験管内での消化モデル実験系において，ミズクラゲ抽出物に含まれる酵素が配合飼料に含まれるタンパク質の加水分解・消化を加速させることが示されている．さらに，マサバ飼育実験において，摂取された配合飼料の腸内消化にクラゲ抽出液が影響を及ぼすという興味深い結果も得られている．

1-3 肥料

窒素（N），リン酸（P），カリウム（K）は肥料の3要素と呼ばれ，さらに，

マグネシウム（Mg）とカルシウム（Ca）を加えて肥料の5要素と呼ばれ，植物の生育にきわめて重要である．ミズクラゲにおけるそれら5要素（N，P，K，Mg，Ca）の含量は，それぞれ，420，14，430，1,200 および 280（mg/kg）である．また，エチゼンクラゲでは，それぞれ，750，23，540，1,200 および 75（mg/kg）である．一方，化学肥料では，99,900，3,000，67,000，1,000 および 7,9000（mg/kg）である．クラゲ類では体重の 95〜98％が水分であるので，含量の絶対量は少ない．しかし，肥料の5要素をバランスよく含有しているといえよう（Fukushi et al., 2004；福祉ら，2005）．ホウ素（B），マンガン（Mn）および亜鉛（Zn）も有用無機成分である．ミズクラゲではそれぞれ 4.1，0.1 および 0.4，エチゼンクラゲでは 4.2，0.1 および 1.7（mg/kg）含有している．化学肥料では 150，28 および 20（mg/kg）であり，クラゲ類は B，Mn および Zn を適量含むといえる．このように，クラゲ類は有効な肥料成分をバランスよく含んでおり，チンゲンサイやホウレンソウなどで，その肥料としての有効性が示されている（Fukushi et al., 2004；福祉ら，2005）．しかしながら，塩素およびナトリウムを，ミズクラゲでは 16.3 および 9.4，エチゼンクラゲでは 19.1 および 10.0（g/kg）含有している．一方，一般の化学肥料ではそれぞれ 56.5 および 2.6（g/kg）であり，3要素（または5要素）との比率からは，クラゲ類では塩素およびナトリウム含量が著しく高いことが問題となろう．

　クラゲを肥料として利用する際の塩分の影響について，エチゼンクラゲおよびミズクラゲを栽培用土に混入した場合，園芸植物の成長に塩分が大きく関与することが明らかとなっている．トマトのような耐塩性が比較的強い植物では，根からの水分吸収が抑制される結果，品質の高い果実を得ることが可能であった．また，葉菜におけるクラゲ試料の使用は利用がかなり限定されるとはいえ，脱塩処理さえすれば利用できることが明らかといえよう（大城・森永，2010）．

1-4　土壌改良材

　クラゲ類には，先に述べたように（1-1〜3）植物の生育に必要なミネラル成分がバランスよく含まれている．また，後に述べるように（2-3 および 2-5），クラゲ類には高い保水性をもつムチンおよびコラーゲンが，水分および塩分以外の主成分として含まれている．植物の生育には過剰に含まれる塩化ナトリウムを効率的，安価に短期間で，除去することが可能であれば，クラゲ類を土壌

の改良材（保水性の利用および肥料効果の利用）として用いることは合理的である．

江崎ら（2008）は，エチゼンクラゲやミズクラゲなどのクラゲ類がもっている吸水性の高い成分と栄養分に着目し，これらを塩締めと呼ばれる方法により脱水・脱塩した後，乾燥して荒廃地，山火事跡地，各種のり面および海岸砂丘地などの土壌改良材として活用する手法を開発した．アラカシについては2年間，クロマツおよびチガヤについては1年間，ポットでの施用実験を行った結果，苗長，根元直径および葉数などに無施用との間に0.1％レベルで有意な差が認められ，その有効性が確認されている．

§2. クラゲの特定成分を利用する

クラゲ類が出現したのは，5億年または7億年前ともいわれる．長い期間を生き抜いてきたクラゲ類には，進化した脊椎動物とは性質の異なる様々な生理活性成分などが含まれることが期待される．なかでも次項で述べる緑色蛍光タンパク質は，生命科学の進展に多大な貢献をした，もっとも有名なクラゲ由来の化学物質であろう．以下に，クラゲ類の特定成分に着目した研究成果を紹介する．

2-1 緑色蛍光タンパク質

緑色蛍光タンパク質（Green Fluorescent Protein, GFP）は，オワンクラゲがもつ283アミノ酸残基からなる分子量約27 k，等電点5.6の蛍光タンパク質である．1960年代に下村脩によってイクオリンとともに発見・分離精製された（Shimomura *et al.*, 1962）．下村はこの発見で，2008年にノーベル化学賞を受賞している．

GFPが単独で存在する場合，適当な波長（395〜470 nm）の光照射により基底状態のGFPが励起され，その励起状態のGFPが基底状態に戻るときに余分なエネルギーを光として放出し，すなわち，蛍光（最大蛍光波長508 nm）を発する．GFPの発光は，① 基質を必要としない，② 単体で機能する，③ 発色団形成に酵素反応が必要でない，という特徴がある．さらに，1990年代にはGFP遺伝子の同定・クローニングが行われ，その後，トランスジーンとして異種細胞へのGFP導入・発現方法が確立した．その結果，GFPは，1990年代にレポー

ター遺伝子として広く普及した．また近年では，野生型 GFP タンパク質をもとに，発色団アミノ酸の置換（Ser65The-GFP）や哺乳類用コドンの使用などの遺伝子工学的手法によって，蛍光強度や波長特性，至適温度，発色団形成速度などが様々に異なる改変型 GFP が作られている．GFP および改変型 GFP は，細胞生物学，発生生物学，神経細胞生物学などをはじめとする生命科学研究において，最も広く使われるレポーター遺伝子となっている．

レポーター遺伝子としての利用例は，以下のようなものが代表的である．

1) **遺伝子導入マーカー**：GFP 遺伝子を導入後，蛍光顕微鏡やフローサイトメトリーなどにより目的細胞への遺伝子導入効率を簡単に測定することができることから，細胞への遺伝子導入効率を簡単に見るためや遺伝子導入された細胞を判別するためのマーカーとして利用されている．

2) **タンパク質タグ**：GFP は，細胞膜や小胞体，ミトコンドリアなど様々な細胞内小器官での発現が確認されており，また，pH や酸化還元状態にあまり影響を受けない．また，GFP の蛍光は長時間にわたって安定である．このような理由から，GFP は細胞内におけるタンパク質の局在化や生細胞でのタンパク質動態の観察に頻繁に用いられている．

3) **遺伝子発現マーカー**：発生や分化のある時に特異的に発現する遺伝子のプロモーターの下流に GFP 遺伝子を連結することにより，目的とする遺伝子の発現細胞やステージを特定することが可能である．GFP は，検出が容易なことからこのように様々な遺伝子発現のレポーターとして用いられている（Shimomura, 2005）．

先のレポーター遺伝子としての利用と一部重複するが，GFP は，蛍光バイオイメージングに用いられている．バイオイメージングとは，特定の分子が，いつ，何処で，どのような他の分子と連関して機能しているか可視化する技術である．目的タンパク質分子の遺伝子に GFP 遺伝子を融合させて発現させることにより，生きている細胞で目的タンパク質分子の挙動を追跡することができる．

2-2 刺胞毒

クラゲ類を含めた刺胞動物は，毒液（刺胞毒）と毒針（刺糸）を備えた特殊な細胞内小器官（刺胞）を保有している．刺胞動物は基本的にはすべて肉食性であり，触手に接触した動物を刺胞毒で麻痺させる，あるいは，刺胞から飛び

出す粘着性の刺糸でからめとって摂食している.

海でクラゲに刺される,すなわち刺胞を有するクラゲの触手と接触することによって,クラゲ刺症が生じる.日本各地の沿岸ではアンドンクラゲ,カツオノエボシによる被害が多く,また,沖縄近海ではハブクラゲという強毒の種類がいる.症状は,刺胞のついた触手に皮膚が触れると,直後にヒリヒリした痛みを感じ,局所に線状に発赤やむくみが現れ,その後,水疱や潰瘍になることもある.クラゲの種類や刺されたヒトの体質によっては,筋肉痛,気分不良,意識障害などの全身症状が出ることもあるという.オーストラリア近海には,日本のハブクラゲに近縁のオーストラリアウンバチクラゲ (*Chironex fleckeri*) による被害が報告されている.本種は,オーストラリアハブクラゲとも呼ばれる.また英名ではSea Wasp (海のスズメ蜂) とも呼ばれ,その学名は「殺人の魔の手」という意味をもち,死亡例も報告されている.

クラゲ刺症の原因は,体内に注入された刺胞毒にある.クラゲの刺胞毒は,ペプチド性であり,一般的に体外では不安定である.その毒性ペプチドが単離され,さらにcDNAクローニングよって一次構造が解明されているものもある.ハブクラゲやアンドンクラゲの刺胞毒は,それぞれ450および462残基のアミノ酸からなり,既知のタンパク質と相同性を示さないことが明らかとなっている(永井,2005).公衆衛生学的観点から,クラゲによる刺症被害に対する効果的治療法開発のために,刺胞毒本体およびヒトへの作用機序についてさらなる研究が必要であろう.また,刺胞毒は,血小板凝集,血管平滑筋収縮や溶血などの生理活性を有することが知られている.今後は,これら生理活性作用の医学生理学分野などにおける有効利用法の開発が望まれる.

2-3 ムチン

ムチンは,分子量100万～1,000万の,糖を多量に含む糖タンパク質(粘液糖タンパク質)の混合物であり,細胞の保護や潤滑物質としての役割をもつ.一般的に強い粘性(ぬめり)をもち,保水性も非常に高い.動物の分泌する粘液には,ほぼ全てにムチンが含まれている.口腔,胃および腸などの消化器官や,鼻腔,腟,関節液,目の表面などの粘膜は,すべてムチンに覆われているといえる.また,ウナギなど一部の魚類特有の体表粘液もムチンである.ヤマノイモ,オクラ,モロヘイヤなどの陸上植物やコンブなどの海藻にも含まれるほか,納豆菌な

ど一部の菌類もムチンを分泌する.

　糖タンパク質であるムチンには,総称して MUC と呼ばれるコアタンパク質(アポムチン) がある. コアタンパク質は, セリンまたはトレオニンを多く含む 10～80 残基のアミノ酸の繰り返し構造である. このセリンまたはトレオニンの水酸基に対し, 糖鎖の還元末端の N-アセチルガラクトサミンが α-O-グリコシド結合 (ムチン型結合) により高頻度で結合している. 一般的に, 糖鎖は N-アセチルガラクトサミン, N-アセチルグルコサミン, ガラクトース, フコース, シアル酸などから構成される. 糖鎖はムチンの分子量の 50％以上を占め, ムチンのもつ強い粘性や水分子の保持能力, タンパク質分解酵素への耐性など, 様々な性質の要因となっている.

　クラゲ類からは, エチゼンクラゲ, ミズクラゲ, アカクラゲ, ビゼンクラゲおよびハブクラゲより, 粘液の主成分である新規なクラゲ由来ムチン (クニウムチン, Qniumucin) が精製され, さらにその構造が解明されている (Masuda et al., 2007). その分子量は, 40～150 k と種および部位によって異なるが, いずれも Val-Val (または Ile)-Glu-Thr-Thr-Ala-Ala-Pro の 8 アミノ酸残基の縦列反復配列構造であった. ミズクラゲ由来クニウムチンの繰り返し配列は Val-Val-Glu-Thr-Thr-Ala-Ala-Pro であり, 40～50 回の繰り返しを伴い, その分子量は 50～65 k であった. グリコシル化は, Thr-Thr への N-アセチル -D-ガラクトサミンの結合によると予想される. 一方, MUC5AC (ヒト由来分泌型ムチンの一種) の繰り返し配列 Thr-Thr-Ser-Thr-Thr-Ser-Ala-Pro と 8 残基中 4 残基が一致し, 分泌型の特徴を示している.

　リウマチなどによる変形性関節症に対するクニウムチンの治療効果検証のためのモデル実験として, ウサギの膝関節前十字靭帯切除手術後の関節組織の再生に及ぼすミズクラゲおよびエチゼンクラゲ由来クニウムチンの効果が検討されている (Ohta et al., 2009). 靭帯切除手術後, 間接部に生理食塩水 (対照), ヒアルロン酸単独, クニウムチン単独, または, ヒアルロン酸＋クニウムチン複合投与を行った. その結果, ヒアルロン酸＋クニウムチン複合投与区, ヒアルロン酸単独区, クニウムチン単独区, 対照区の順に, 関節組織の再生は有意に速やかであった. これらの結果は, 変形性関節症に対してクラゲ由来ムチンが, ヒアルロン酸との併用によって治療促進効果を有することを示している.

2-4 多価不飽和脂肪酸

カタクチイワシ（生）やウシ（和牛サーロイン脂身付き生），ウシ（和牛ヒレ赤肉生）は，それぞれ12.1％，47.5％，15.0％の脂質を含有するのに対して，ミズクラゲおよびエチゼンクラゲの脂質含量は，それぞれ0.031～0.036％および0～2.2％と著しく低い．しかしながら，それらクラゲ類は一般的に，EPAやDHAなどのn-3系高度不飽和脂肪酸を比較的豊富に含んでおり，その脂肪酸組成はヒトの健康にとって好ましいものとされている．瀬戸内海産ミズクラゲ（Fukuda and Naganuma, 2001），地中海産ミズクラゲ（Kariotoglou and Mastronicolis, 2001），カタクチイワシ（香川，2010），および，牛サーロインおよび牛ヒレ肉（香川，2010）の脂肪酸組成を表10-1に示した．瀬戸内海産と地中海産のミズクラゲでは，その脂肪酸組成が大きく異なる．瀬戸内海産ミズクラゲでは，多価不飽和脂肪酸を豊富に含み，また，EPAおよびDHAをカタクチイワシと同等レベルと豊富に含んでいる．一方，地中海産ミズクラゲでは，飽和脂肪酸含量が突出して高く，また，多価脂肪酸含量は低く，牛肉と同等レベルである．

これらの差異は，脂肪酸組成は餌生物の脂肪酸組成を反映した食物連鎖の結果であることから，海域により高度不飽和脂肪酸を生産する細菌や植物プランクトン，ラビリンチュラ類などの存在量が大きく異なることを示唆しているのかもしれない．ヒトの食用として，あるいは餌料としての利用を前提とした場合，少なくとも日本近海のミズクラゲにおいては，その脂質含量は多くないものの，優れた生理活性を有するDHAやEPAを高率に含むことは強調されるべきであろう．

表10-1 ミズクラゲ，カタクチイワシおよびウシの脂肪酸組成　　（重量％）

生物種（産地または種別）	飽和脂肪酸	不飽和脂肪酸 1価	不飽和脂肪酸 多価	EPA	DHA
ミズクラゲ(瀬戸内海)[*1]	43.2～50.2	16.1～22.7	24.3～32.0	10.2～15.6	3.0～7.1
ミズクラゲ(地中海)[*2]	76.7	11.4	3.9	0.7	0.5～0.6
カタクチイワシ(生)[*3]	41.1	28.7	30.2	12.4	8.3
ウシ(和牛サーロイン脂身付き生)[*3]	38.4	58.9	2.7	0.0	0.0
ウシ(和牛ヒレ赤肉生)[*3]	43.9	52.3	3.8	0.0	0.0

[*1] Fukuda and Naganuma, *Marine Biology*, 138, 1029-1035（2001）．
[*2] Kariotoglou and Mastronicolis, *Lipids*, 36, 1255-1264（2001）．
[*3] 香川芳子監修（2011）：五訂増補食品成分表2011 本表編および資料編，女子栄養大学出版．

クラゲ類は，EPA および DHA に加えて，n-3系の高度不飽和脂肪酸のテトラコサヘキサエン酸（THA, 24：6n-3）を含んでいる（Nichols ら，2003）．THA は，培養細胞を用いた研究から DHA と同様に，炎症やアレルギー反応を引き起こすロイコトリエン類の産生を抑制する免疫機能調節作用を有することが知られている（Ishihara et al., 1998）．また，THA は，血管病治療薬としても期待されている．

2-5 コラーゲン

コラーゲンは，結合組織を構成する主要かつ安定なタンパク質成分であり，分子中に3本のサブユニットからなる3重らせん構造を有するという特徴がある．3重らせん領域の両端には，N-および C-末端テロペプチド領域と呼ばれる，非らせん領域がある．コラーゲン分子は，針状であることが多く，この針状のコラーゲン分子は僅かにずれながら数多く集まって繊維を形成する．その際に，あるコラーゲン分子のテロペプチド領域のリジンあるいはヒドロキシリジン残基と隣の分子のらせん領域のリジンあるいはヒドロキシリジン残基間に架橋が形成される．多くの場合，この架橋が強固なものとなるが故に，コラーゲンは物理的に安定であり，かつ，酸やアルカリに対して溶解性が低い．換言すると，化学的にも安定となる．

1983年にはエチゼンクラゲよりコラーゲンが精製され，その性状が明らかにされている（Kimura et al., 1983）．先述の通り，エチゼンクラゲコラーゲンも化学的に安定であることから，Kimura et al.（1983）は，ペプシンによりテロペプチドを切断してコラーゲン分子の溶解（抽出）性を上昇させてから，分離・精製を試みている．その結果，エチゼンクラゲコラーゲンは，3種類の異なったサブユニットからなるヘテロトリマーであり，そのアミノ酸組成から哺乳類のV型コラーゲンに近いことが明らかとなった（Miura and Kimura, 1985）．

ミズクラゲおよびエチゼンクラゲのコラーゲン含量は，筆者らが測定したところ，0.15〜0.3％（湿重量）であった．この含量は見かけ上少ないが，クラゲ類には95〜96％の水分，3〜3.5％の灰分が含まれていることから，コラーゲンはクラゲ類に最も多量に含まれるタンパク質であるといえる．近年，クラゲ類に内在する酵素活性を利用した簡便な未変性コラーゲン回収法が開発された（吉中ら，2007）．コラーゲン分子は，分子単独であるときは酢酸などに容易に溶解

する．しかし，先述の通り，コラーゲン分子は，分子間に架橋が形成されることにより，いわば巨大な塊状になって化学的に安定化し，酢酸などには抵抗性を示すようになる．そこで通常は，ペプシンなどの酵素により架橋部位のテロペプチド領域を切断した後，コラーゲンを抽出する．吉中らは（2007），クラゲを単独で何物も加えることなく撹拌すると，クラゲ類に内在する酵素作用によってコラーゲンが部分分解されることにより可溶化することを発見し，さらに，その可溶化したコラーゲンを3重らせん構造が維持された状態で塩析などにより回収する方法を開発している．現在，簡便な本方法を用いた企業による工業的なコラーゲンの調製が行われている．

2-6 レクチン

レクチンは，糖結合性をもつ一群のタンパク質の総称であり，多彩な生物活性を示すことが知られている．また，レクチンは，特定の糖と結合すること，多様な生理活性を有することから，糖鎖検索ツールとして生化学・細胞生物学関連試薬に利用されるなど，産業上においても重要な物質となっている．

クラゲ類では唯一エチゼンクラゲより，新規な構造を有するレクチンが精製され，さらにその構造が解明されている（Imamichi and Yokoyama, 2010）．精製レクチンは，非還元および還元 SDS-PAGE 上において約 27 kDa のバンドを示し，また，EDTA に感受性であることから，結合にカルシウムイオンを必要とする C 型レクチンであると考えられる．N-アセチル-D-ガラクトサミン，N-アセチルノイラミン酸および N-グリコリルノイラミン酸に対する結合特異性を示し，さらに，グラム陰性菌（大腸菌）およびグラム陽性菌（枯草菌）に対する凝集活性を示した（図 10-1）．これらの結果よりエチゼンクラゲレクチンは，非自己認識および生体防御に関する機能を有するものと推測される．cDNA クローニングにより判明したエチゼンクラゲレクチン全一次構造を用いた相同性検索の結果，既知のタンパク質とは類似性がきわめて低かった．一方，同じ刺胞動物に属するイソギンチャクの仲間 *Nematostella vectensis* のドラフトゲノムデータベース上に，高い配列類似性を示す機能未知タンパク質が存在した．この結果は，刺胞動物に共通して新規レクチンファミリーが存在することを示唆している．

今後は，糖鎖認識タンパク質であり，種々の生理活性が期待されるエチゼンクラゲレクチンの医学生理学分野などにおける有効利用法の開発が望まれる．

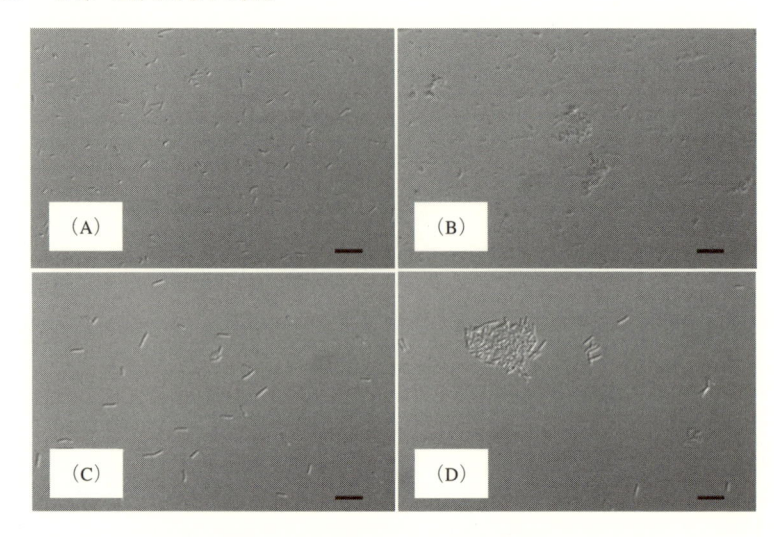

図 10-1　エチゼンクラゲレクチンによる細菌の凝集
　　　　A：大腸菌（*E. coli* K12）　＋　緩衝液（TBS-Ca^{2+}）
　　　　B：大腸菌（*E. coli* K12）　＋　エチゼンクラゲレクチン
　　　　C：枯草菌（*Bacillus subtilis*）　＋　緩衝液（TBS-Ca^{2+}）
　　　　D：枯草菌（*Bacillus subtilis*）　＋　エチゼンクラゲレクチン
　　　　スケールバー（─）＝ 4μm．

2-7　その他

　クラゲ溶解液には殺藻効果があることから，赤潮発生防除駆除剤としての利用が期待される（Hiromi *et al*., 1997）．殺藻効果は，クラゲ類に含まれるEPA（2-4 項）やレクチン（2-6 項）などの複合的な効果によるものと予想される．また生体内には，種々の応用が期待される新規酵素および多様な生理活性が予想されるプロテアーゼインヒビターが含まれている（横山・中西，2009）．筆者らは，エチゼンクラゲ傘部よりキモトリプシンインヒビターの精製に成功した．その SDS-PAGE 像には，非還元条件下において 17.6 kDa，還元条件下において 14.3 kDa のそれぞれ単一のタンパク質バンドが認められた（図 10-2）．精製タンパク質の N 末端アミノ酸配列の相同性検索を行った結果，既知の配列とは相同性を示さなかった．精製キモトリプシンインヒビターは 4～70℃で 3 時間の加熱後もその残存活性は 90％以上であり，高い熱安定性を示した．pH 安定性においては，pH2.0～8.0 において 90％以上の活性を保持していた．また，

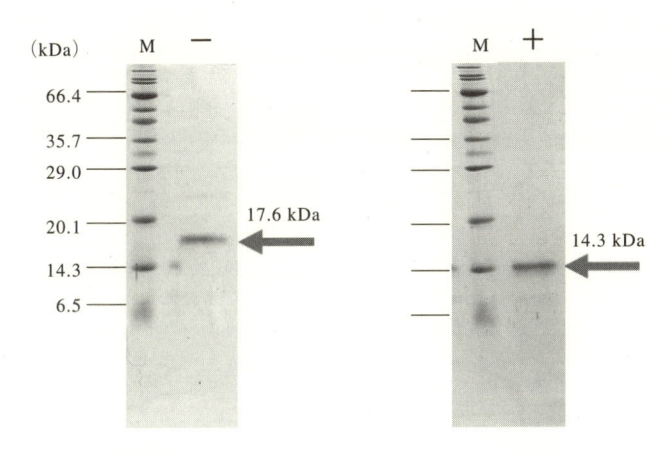

図10-2 精製エチゼンクラゲキモトリプシンインヒビターのSDS-PAGE像
M：分子量マーカー，−：非還元条件，＋：還元条件

エチゼンクラゲ精製キモトリプシンインヒビターは，ウシ膵臓キモトリプシンに加えてブタおよびウシ膵臓トリプシンに対しても，きわめて高い阻害活性を示した（横山・中西, 2009）. 以上の結果は，エチゼンクラゲがプロテアーゼインヒビター抽出・利用のための有効な資源となる可能性を示している.

§3. おわりに

本章§1. で紹介した，食用や餌料，肥料，土壌改良材としての利用は，今すぐ，直ちに実施可能である. しかし，クラゲは95～96％程度が水分であり，塩分を3～3.5％含む. 利用に際しては，特に日本国内においては，脱水や脱塩，輸送などに要するコストが問題となる. また，ミズクラゲは毎年大量発生するものの，周年一定レベルで発生しているわけではない. ミズクラゲが大量発生するのは，夏季を中心とした暖かい季節である. また，エチゼンクラゲは，日本海沿岸域に漂着するのは晩夏から初冬にかけてであり，また，発生量は年によって大きく異なる. すなわちクラゲ類は，漁獲による定期的な安定供給が困難である. 常に一定量のクラゲ類を確保するためには，冷凍設備など，保存のためのコストが必要となる.

食用，餌料，肥料または土壌改良材として利用する場合には，必要とするコストに対して価格が釣り合わないことが危惧される．今後は，クラゲ類の総合的な利用方法を開発するとともに，より高い付加価値をクラゲ類に見出す必要があろう．生体成分，特に生理活性物質に関する基礎的研究の進展が望まれる．

参 考 文 献

安部和智（2002）：水産物加工指導研究事業— 2，ミズクラゲを原料とした塩蔵加工品の開発，平成13年度大分県海洋水産研究センター事業報告，豊後高田，64．

江崎次夫・河野修一・枝重有祐・車斗松・全槿雨（2008）：エチゼンクラゲ類を活用した緑化資材の開発，日緑工誌，34，195-198．

Fukuda, Y. and T. Naganuma (2001): Potential dietary effects on the fatty acid composition of the common jellyfish *Aurelia aurita*, *Marine Biology*, 138, 1029-1035.

Fukushi, K., N. Ishino, K. Yokota, T. Hamatake, H. Sogabe, K. Toriya and T. Ninomiya (2004): Preliminaly study on the potential usefulness of jellyfish as fertilizer, *Bull. Soc. Sea Water Sci. Jpn.*, 58, 209-217.

福祉恵一・横田九里子・辻本純一（2005）：クラゲ中の無機成分の定量，分析化学，54，175-178．

Hiromi, J., S. Handa and T. Sekine (1997): Lethal effect of autolysate of a jellyfish *Aurelia aurita* on red-tide flagellates, *Fish. Sci.*, 63, 478-479.

広海十郎・内田直行（2005）：やっかいものクラゲを有効利用する試み，水産資源の先進的有効利用法（坂口守彦・平田孝監修），エヌ・ティー・エス，322-337．

Imamichi, Y. and Y. Yokoyama (2010): Purification, characterization and cDNA cloning of a novel lectin from the jellyfish *Nemopilema nomurai*, *Comp. Biochem. Physiol.*, 156B, 12-18.

Ishihara, K., M. Murata, M. Kaneniwa, H. Saito, K. Shinohara, M. Maeda-Yamamoto, K. Kawasaki and T. Ooizumi (1998): Effect of tetracosahexaenoic acid on the content and release of histamine, and eicosanoid production in MC/9 mouse mast cell, *Lipids*, 33, 1107-14.

株式会社かね徳（2001）：食用クラゲ資料編．

香川芳子監修（2010）：五訂増補食品成分表2011 本表編および資料編，女子栄養大学出版．

Kariotoglou, D. M. and S. K. Mastronicolis (2001): Sphingophosphonolipids, phospholipids, and fatty acids from Aegean jellyfish *Aurelia aurita*, *Lipids*, 36, 1255–1264.

Kimura, S., S. Miura and Y. H. Park (1983): Collagen as major edible component of jellyfish (*Stomolophus nomurai*), *J. Food Sci.*, 48, 1758-1760.

Masuda, A., T. Baba, N. Dohmae, M. Yamamura, H. Wada and K. Ushida (2007): Mucin (Qniumucin), a glycoprotein from jellyfish, and determination of its main chain structure, *J. Nat. Prod.*, 70, 1089-1092.

Miura, S. and S. Kimura (1985): Jellyfish mesogloea collagen, *J. Biol. Chem.*, 260, 15352-15356.

永井宏史（2005）：刺胞毒とその利用，日水誌，71，989-990．

Nichols, P. D., K.T. Danaher and J. A. Koslow (2003): Occurrence of high levels of tetracosahexaenoic acid in the jellyfish *Aurelia sp*, *Lipids*, 38, 1207-1210.

西川清文・小林恭一（2006）：大型クラゲの塩

クラゲ製造方法,特開 2006-296402.
Ohta, N., M. Sato, K. Ushida, M. Kokubo, T. Baba, K. Taniguchi, M. Urai, K. Kihira and J. Mochida (2009): Jellyfish mucin may have potential disease-modifying effects on osteoarthritis, *BMC Biotechnology*, 9, 98(1-11).
岡崎恵美子 (2005): エチゼンクラゲの食品利用, 日水誌, 71, 993-994.
大城 閑・森永 一 (2010): 海洋未利用資源の園芸作物栽培への利用, 海洋未利用資源の高度有効利用化方法の探索と実証研究 (横山芳博編), 平成 21 年度福井県立大学特定研究推進枠研究実績報告書, 福井県立大学.
猿渡 実 (2005): ミズクラゲの食品利用, 日水誌, 71, 991-992.
青海忠久・木野 恵 (2010): 海洋未利用資源抽出物の養魚飼料における飼料価値改善と摂餌誘引効果の検証と利用, 海洋未利用資源の高度有効利用化方法の探索と実証研究 (横山芳博編), 平成 21 年度福井県立大学特定研究推進枠研究実績報告書, 福井県立大学.
Shimomura, O., F. H. Johnson and Y. Saiga (1962): Extraction, purification and properties of aequorin, a bioluminescent protein from the luminous hydromedusan, *Aequorea, J. Cell. Comp. Physiol.*, 59, 223-239.
Shimomura O. (2005): The discovery of aequorin and green fluorescent protein, *J. Microscopy*, 217, 3-15.
下村敏正 (1959): 1958 年秋, 対馬暖流系水におけるエチゼンクラゲの大発生について, 日水研研報, 7, 85-107.
Suzuki, N., K. Murakami, H. Takeyama and S. Chow (2006): Molecular attempt to identify prey organisms of lobster phyllosoma larvae, *Fish. Sci.*, 72, 342-349.
橘高二郎 (2005): クラゲの初期餌料としての有効利用, 日本プランクトン学会誌, 52, 91-99.
安田 徹 (2003): 海の UFO クラゲ, 恒星社厚生閣.
安田 徹 (2007): エチゼンクラゲとミズクラゲ, 成山堂書店.
横山芳博・中西由香梨 (2009): 大型クラゲ (エチゼンクラゲ) に含まれるプロテアーゼインヒビターの精製と性状の解明, 平成 19〜20 年度福井県立大学地域貢献研究推進事業報告書, 福井県立大学.
吉中禮二・横山芳博・水田尚志・石田あすか・富澤則雄 (2007): クラゲ類からのコラーゲン回収方法, 特開 2007-051191.

11章

ヒトデ
―産出の実態および処理と利用の取り組み

福士暁彦
佐田正蔵
高橋是太郎

日本近海には約280種のヒトデが生息している．近年，日本各地の沿岸域では様々な種類のヒトデの大量発生により，珊瑚礁などの自然環境や漁業に深刻な影響を与えている．北海道におけるヒトデの産出量（北海道水産林務部，2000～2009）は，年間およそ1万4千～1万5千tで推移し，ツブなどの籠漁業やホタテガイ，アサリなどの漁場では食害や混獲，さらには漁網の損傷による漁業効率の低下が深刻である（北海道立釧路水産試験場，2004）．特に根室管内は産出量が多く，表11-1に示すように9千t前後にも及ぶ．ヒトデの産出形態は，ホタテ漁の生産に伴う場合とヒトデ駆除事業による場合（ヒトデの駆除のみのための出漁）の2種類がある．なお，産出量は，処理費用総額分のみの産出量となっているものであり，処理費が減少すると産出量も連動して減少する．

駆除したヒトデの処理割合は埋め立てが6.7%，焼却などが3.8%，発酵その

表11-1 根室管内のヒトデ産出（発生）量と金額

自治体名	2006 産出量(t)	2006 金額(千円)	2007 産出量(t)	2007 金額(千円)	2008 産出量(t)	2008 金額(千円)
根室市	2,052	30,780	1,458	21,870	2,162	32,430
別海町	7,130	64,170	6,376	57,384	6,409	57,681
標津町	521	7,815	751	11,265	859	12,885
羅臼町	0	0	0	0	0	0
計	9,703	(66.4*)	8,585	(64.8*)	9,430	(64.2*)

* 北海道全体に占める根室管内の比率（%）

他の方法により肥料化，建築資材など，他の用途での有用物として利用する循環利用が89.5％などである（北海道水産林務部，2009）．しかし，いずれの処理方法も処理業者への委託費などコストの問題があり，資源として積極的に有効利用すべきとの考えから様々な研究が行われている．

§1. 大量排出の実態

1-1 根室湾沖合ホタテ漁場開発造成事業の歴史

1986年の日ソ地先沖合漁業協定交渉の結果により北方領土周辺漁場の底刺網漁業が全面禁止となったことから，本漁業に依存していた漁業者の沿岸漁業としての受皿を確保することや漁業生産の低下による組合経営の改善を図るため，以前より天然ホタテガイ漁場として利用していた根室湾海域に新ホタテガイ漁場を開発造成する根室地区大規模漁場保全事業（水産庁補助事業）を開始した．造成事業推進にあたり特に重要となった事業が，本海域に異常に生息分布するヒトデの駆除であり，その目的はホタテガイ種苗放流漁場の生産力の回復にあった．当該事業の概要は，造成面積の周辺0.5マイルの範囲を駆除範囲（約14,500 ha）とし，駆除量約11,300 t，総事業費約11億円の4ヶ年事業（1987〜1990年）として実施したものであった．その後，新ホタテガイ漁場の生産目標は年間2,500 t，生産額7億円に設定され，1991年度から生産がスタートして，同時にヒトデ駆除も毎年実施し，現在にいたっている．

1-2 リサイクル促進施設の操業中止

2004年4月，根室市に一般廃棄物処理業と化製場などに関する法律による許可に基づいたリサイクル促進施設が建設された．ヒトデを活用した肥料および餌料生産を開始し，「NSA」というヒトデ由来の肥料が販売されたが，生産の段階でヒトデの過剰受入とプラントの相次ぐ故障などから，処理できないヒトデが堆積し，悪臭を放って近隣住民からの苦情により，操業開始から2年を経ずに操業中止となった．現在はこのプラントが塩漬け状態にあり，処理プラントとしての問題点を解決した上で再稼働させることが強く望まれている．

1-3 ヒトデに対する根室管内住民の認識

漁業関係者の間では，ヒトデがホタテガイの天敵であることがよく知られている．ホタテガイの生産量の増減はヒトデの異常発生（生息）に大きく依存する．ヒトデは体を二つに切断されても，2個体に容易に再生してしまうほど海水中では生命力が強いが，いったん水揚げされて死ぬと腐敗が早く，強い悪臭を放つなどから，嫌われもの・厄介もの（悪の水棲生物）との印象が強い．しかし，その一方で根室地区では昔からヒトデを畑の肥料や汲み取り式トイレの防虫剤として活用してきた経緯がある．いずれにしても，根室管内住民は，良くも悪くもヒトデが自分達の生活に密着した存在であると考えている．

1-4 地産地消の試み

根室市は，毎年ヒトデ駆除事業に補助を行っており，その内訳は処理費と輸送費が主なものである．処理業者は主としてリサイクル品という位置づけで肥料および土壌改良剤（許可のない肥料）の形態で畑作農家などに安価に販売している．このことは，ヒトデがリサイクル品として漁業生産から農業生産へと受け継がれたことを意味し，地域としての連携が果たされた好例ともいえる．

§2. 有用化促進の試み

2-1 肥料・堆肥化

ヒトデの外皮に含まれる豊富な無機質を利用し，ヒトデを原料とする有機肥料化が各方面で試みられている．キヒトデに含まれる成分としては，サポニンやガングリオシドが有名であり，サポニンはステロイド配糖体であることから，様々な害虫の防除作用があるとされ，防虫目的をも附与した肥料への利用研究がなされてきた．サポニンは魚毒性や溶血性などの生理作用を有する（Hashimoto and Yasumoto, 1960）とされているが，その含有量は十分には明らかになっていない．そこで筆者（福士）は，北海道に比較的多くみられるヒトデについて，種類別および時期別のサポニン含量について検討した．2001～2002年に紋別海域で採取したヒトデ3種（イトマキヒトデ，キヒトデ，ニッポンヒトデ）を試料とし，メタノールでサポニンの抽出を行った．サポニン含量の測定は，その構造がステロイドオリゴ配糖体であることから，ステロイド

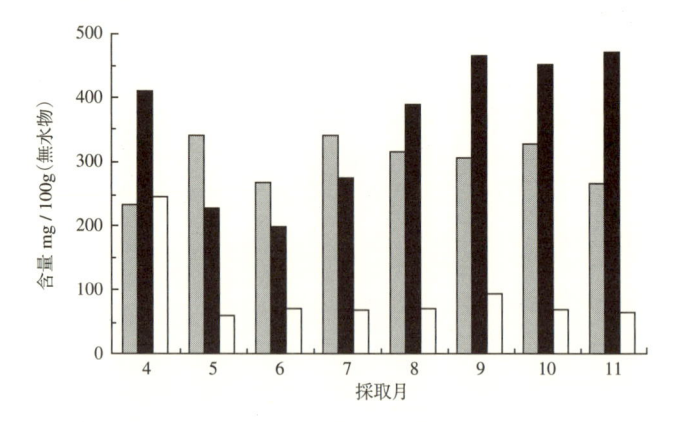

図11-1 各種ヒトデのサポニン含量の時期別変化
　　　　■：イトマキヒトデ，■：キヒトデ，□：ニッポンヒトデ

硫酸を比色定量後（Barnett *et al.*, 1988），コレステロール硫酸を標品として重量換算することにより算出した．なお，測定値は2ヶ年の平均値（無水物量）を用いた．定量の結果，イトマキヒトデは時期を通して0.23〜0.34％と顕著な変化がみられず，キヒトデでは4月の0.41％から6月にかけて0.20％に減少し，7月以降秋季に向けて徐々に増加した．9月から11月にかけては0.45〜0.47％と，ほぼ一定になった．ニッポンヒトデでは，4月が他の月に比べて高く0.25％であったが，5月以降は0.06〜0.07％と低い値を示した（図11-1）．

　以上の2ヶ年の調査から，紋別産ヒトデのサポニン含量は種間で異なるのみならず，時期別変化も異なることが判明した．これらの違いの理由については，ヒトデの生理的な状態や生殖周期との関連が考えられる．ヒトデサポニンの機能性については，肥料にした場合に病虫害の予防効果があるとされてはいるが，科学的には未だほとんど明らかになっていないのが実情である．ヒトデの肥料化は一利用方途としては有効ではあるが，多量の使用は重金属の残存量が問題となるので注意が必要である．肥料化のためには残存カドミウムが5 ppm以下，水銀が2 ppm以下，ヒ素が50 ppm以下でなければならない．最近，木粉を併用することによるヒトデ，ウニ殻，カニ殻などの堆肥化の有効性が科学的に検証されつつある（関ら，2008）．すなわち，堆肥化の過程において，好気性微生物による有機物の化学変換が進行すると，有機物の表面におけるカルボキシル

基のような負帯電サイトが増加し，アンモニウム，カリウム，カルシウム，マグネシウムなどの植物栄養素に関わる陽イオンを静電気的に吸着する陽イオン交換能が向上することが明らかにされている．陽イオン交換能の向上は土壌中肥効成分の雨水などによる流亡を防ぐ堆肥の保肥力として重要であり，陽イオン交換容量（CEC）と定義されている．CEC は堆肥の熟成と相関関係にあり，熟成指標に用いられる．木粉や樹皮の添加が良好な堆肥化に有効なのは，リグニン，セルロース，ヘミセルロースが CEC の増加に重要な役割を果たしていると考えられているからである．好気性微生物による有機物の化学変換に適した堆肥化条件になっているか否かは，pH および電気伝導率（EC）によっても判断される．すなわち，堆肥化の過程で，"窒素化合物→アンモニウムイオン→硝酸イオン"と変化するので，一旦 pH が 8.5～9.0 に上昇した後，7.5 前後に落ち着いた頃が堆肥化の終了点と判断できる．堆肥化における EC は，含有する塩類由来の水溶性イオン（カルシウムイオン，マグネシウムイオン，カリウムイオン，ナトリウムイオン，アンモニウムイオン，リン酸二水素イオン，塩化物イオン，亜硝酸イオン，硝酸イオンなど）の合計量と高い相関関係にあり，初期発酵において 6.0 dSm^{-1} 以上の高 EC では発酵速度に悪影響を及ぼすことが知られている．よって，ヒトデに林産系および農産系廃棄物をブレンドして，堆肥化を試みる際には，これらの指標でモニタリングしながら，最良の混合比を決定するとよい．

　根室管内産のヒトデには重金属は極めて少ないが，前述のように，地域によっては，ヒトデが重金属に汚染されている場合がある．その際には林産系廃棄物との混合物を蒸煮し，液肥化する方法が考えられる．例えば，ウッドチップにヒトデをはじめとする水産廃棄物を混合し，蒸煮すると，重金属は蒸煮によって木材表面に現れた結合サイトに結合し，固定化される．一方の水産廃棄物は適度に低分子化・液状化し，肥料価値が上がる．ここで得られた液肥は，市販品液肥よりも 2 倍以上水分含量が高いために，そのままでは企画上製品にならないが，地産地消と位置づけた利用は可能と思われる．蒸煮装置は市販のボイラーをそのままもしくは少し改変したものでよく，今後期待される処理法である．

　ヒトデの温水抽出物を水と有機溶媒で 2 層分配すると，水溶性画分から植物の成長促進剤が得られ，ヒトデの有機溶媒抽出物を水と有機溶媒で 2 層分配すると，今度は水溶性画分から植物の成長抑制物質が得られる（特開 2005-247699）．

2-2 高次機能性物質

サポニンと並んで，ヒトデはガングリオシドを含むことで有名である．ガングリオシドには神経突起作用などがあり，神経疾患に対する薬剤としての研究が進められているが，殆ど漁業被害が報告されていないイトマキヒトデに含まれているに過ぎない．イトマキヒトデに関しては，そのリン脂質分解酵素の研究もよく進んでおり（Kishimura and Ando, 2007），重要な学術的知見が得られている．しかし，酵素剤としての利用には，大腸菌や酵母を用いた大量生産系を確立する必要がある．

大量に発生するキヒトデには有用な脂質としてセレブロシド（グルコシルセラミド）およびEPA（エイコサペンタエン酸）結合型リン脂質が豊富に含まれている（Shah et al., 2008）．このセレブロシドには，結腸ガン由来のCaco-2細胞をアポトーシス（自発的な細胞死）を誘導する作用が示唆されており，EPA結合型リン脂質には，魚油よりも優れたHDL（善玉コレステロール）の増加作用および血管新生抑制作用があることが報告されている．

最近，ヒトデのコラーゲンペプチドを血圧上昇抑制物質として利用しようとする試みがある．しかし，血圧上昇ペプチドの給源は枚挙にいとまがなく，事業化の見通しはついていない．

2-3 その他の利用

民間企業によって，ヒトデから発酵法により製造された防虫・防鳥剤，消臭剤，植物活力剤や健康食品が既に製品化されている．しかし，需要は小口であり，安定的にまとまった量を消費できる利用方途の開発が強く望まれている．

一般にヒトデは水揚げ後直ぐに悪臭を放つようになるので，利用を図る場合は可及的速やかに茹でる必要がある．茹でることによって腐敗が抑止されるとともに脱塩され，また保水性を低下させることによる脱水効果もある．ヒトデは中国では普遍的に食されており，日本でも熊本県の天草地方では卵巣を食してきた．すなわち，基本的には食経験があるので，安全だといえる．しかしヒトデは雑食性であるがゆえに汚染海域のものは重金属をはじめ，有害物を含んでいる可能性が高い．よってヒトデが生育する環境水の汚染状況とヒトデそのものの汚染度の点検はヒトデを利用する上で不可欠である．

厄介ものとも言われるヒトデが，有用水産物としての価値を生むことは，

ヒトデ漁としての新たな漁業を生むことに繋がり，また雇用や漁業後継者などの漁村が抱える地域問題の改善にも貢献する．産地では，安定的な消費を見込めるヒトデの利用法の確立が切実に望まれている．

参 考 文 献

Hashimoto Y. and T. Yasumoto (1960)：Confirmation of saponin as a toxic principle of starfish, *Nippon Suisan Gakkaishi.*, 26, 1132-1138.

Barnett D., P.W.Dean, R.J.Hart, J.S.Lucas, R.Salathe and M.E.H. Howden (1988)：Determination of Contents of steroidal saponins in starfish tissues and study of their biosynthesis, *Comp. Biochem. Physiol.*, 90B (1), 141-145.

北海道水産林務部（2000〜2009）：平成12年度〜平成21年度漁業系廃棄物調査資料．

北海道立釧路水産試験場（2004）：ヒトデ駆除指針．

Kishimura H. and S. Ando (2007)：Characteristics of phospholipase A_2 mutant of the starfish Asterina pectinifera, *Enz. Microbial Technol.*, 45, 461-465.

関 一人・齊藤直人・岸野正典・佐藤真由美・武田忠明・秋野雅樹（2008）：木粉を用いた水産系廃棄物の堆肥化（第2報）—初期分解過程における処理物の化学的変化と緑化資材としての特性—，林産試験場報，22, 7-12.

Shah A.K.M.A, M. Kinoshita, H. Kurihara, M. Ohnishi and K. Takahashi (2008)：Glycosylceramides obtained from the starfish *Asterias amurensis* Lutken, *J. Oleo Sci.*, 57, 477-484.

12章

藻 類
―特にアオサの利用を中心として

内田基晴

　海や湖沼における厄介ものの藻類といえば，代表的なものとして，まずアオサ類やホテイアオイをあげることができる（図12-1）．富栄養化した海面で大量発生し，養殖業に甚大な被害を与える赤潮藻類（微細藻類）も厄介ものとして有名である．一方，最近では水産資源を育む重要な場としてアマモ場の再生が各地で試みられているが，本来有用な藻類とみなされるアマモであっても時として増え過ぎると，船舶の航行の邪魔になるなどの理由で厄介ものと位置づけ

a 横浜市海の公園
b 廿日市市阿品
c 埼玉県大利根町
d 養殖被害を引き起こすシャトネラ赤潮

図12-1　国内各地で大量発生し，問題となるアオサ（a,b），ホテイアオイ（c），および赤潮藻類（d）
　　　　（写真提供　a：横浜市緑農局，c：浦野直人氏，d：WESTPAC/IOC）

られる場合もある．このように厄介ものの藻類というのは，多くの場合，① 人間社会にとって何らかの負の価値を有しており，② 過度な量として存在する（増え過ぎた状況にある）という特徴を有している．これらの藻類資源は，何らかの有用性が新たに見出されれば，直ちに有用資源に変貌する可能性がある．しかし，現実的には，それなりに昔から厄介ものとして取り扱われ続けている藻類は，有用性を見出すのが難しい場合が多く，高望みをした利用を目指して検討した結果，成功に至らなかったという事例も多い．したがって，厄介ものの藻類の利用を考えるにあたっては，対象素材そのものの特性と同時にその周辺要素（厄介さの度合い，賦存量，収集にかかる労力など）もよく見極め，"知恵"を出して的を射た出口を見出すことが肝要である．藻類にかかわらずバイオマス資源を有効利用しようとする際の出口としては，一般的な傾向として経済的効果の高い順に，医薬品・健康機能性物質＞食品（ヒトの食べ物）＞餌飼料（動物の食べ物）＞肥料（植物の栄養）やエネルギー源，の順に検討が行われる場合が多い（図12-2）．この他，副材料として配合して成型・固化したりすることで，建築資材のような工業用資材として利用される場合もある．以上の例は，厄介ものが有価物として利用されるという理想的な場合であるが，利用することがなかなか難しいという場合は，厄介ものが保有する負の価値を軽減することを以て良しとするという選択肢も忘れてはならない．例えば「里山」においては，

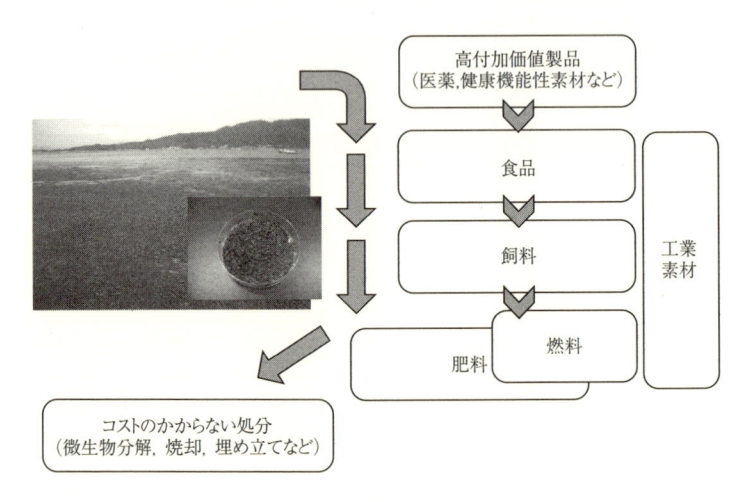

図12-2 厄介ものの藻類への一般的な対処法

雑草類が生育して通行の支障になるため,毎年これらの刈り取り作業が行われる.しかし,刈り取られた草体は,何かに利用されるというのではなく,天日に曝し,微生物による分解を待って自然に土に戻されることで良しとされている.この例のように厄介ものの藻類バイオマス資源のゼロエミッション的な利用を考える場合は,陸域の厄介ものの植物バイオマス資源に対処してきた先人の知恵を見習うということが有効な場合も多い.

本章では,アオサ類を中心として代表的な厄介ものの藻類資源について,ゼロエミッション的な利用を検討した事例を紹介する.

§1. アオサ類の利用について

1-1 アオサの大量発生の現状

アオサ類（緑藻類,*Ulva* spp.）の大量繁茂は,世界各地の温暖な内湾域で報告され,最近では「グリーンタイド」とも呼ばれ問題となっている（Flecher, 1996）.イタリアの観光都市ベニス周辺では,景観を損ねるほどのアオサの大発生がおこっており,藻体を回収して,紙や堆肥（Cuomo *et al*., 1995）として利用することが検討されている.また,北京オリンピックの開催された2008年には,青島周辺の海面でアオサ類が大量発生し,ヨットレースの開催が危ぶまれるほどの状況が報道された（Leliaert *et al*., 2009）.国内においても,九州沿岸,瀬戸内海,三河湾,浜名湖,東京湾など,全国各地の水域でアオサの大量発生が報告されている（Arasaki, 1984；大野, 1999a）.一例として,横浜市海の公園（工藤, 2001）と広島県宮島町厳島神社において,公園管理団体や観光課により景観保全のために回収された藻体の量を,図12-3に示す.藻体発生量と回収量とは厳密には異なるが,一部の年度の例外を除き,ほぼ発生量を反映して藻体が回収されたと考えられる.国内でのアオサの大量発生は1970年代頃から報告され始めたが,1980年代頃から藻体の発生が顕著化したために各地で回収事業が始まり,1990年代に回収量がピークとなった概況が読み取れる.海の公園におけるアオサの回収量は,1989年から2005年までの17年間で113 t（天干乾燥後の湿重量）から1365 tまでの範囲で10倍以上の変動が見られる.一方,宮島町における回収量も,1989年から2002年までの14年間で58 t（湿重量）から555 tまでの範囲で10倍程度の変動が見られる.しかし,これら2ヶ

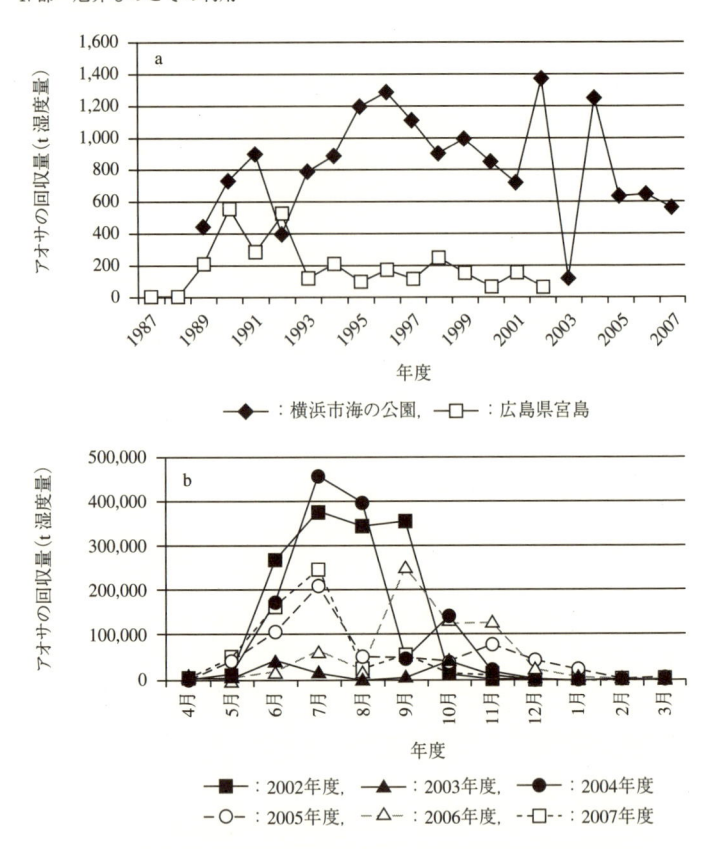

168　Ⅳ部　厄介ものとその利用

図12-3　横浜市海の公園と広島県宮島におけるアオサ回収量の経年変化
(a) 横浜市海の公園におけるアオサ回収量の月別変化
(b) (財団法人横浜市臨海環境保全事業団および宮島町観光課資料より作成)

所における藻体回収量の年変動傾向は，必ずしも同調していないことがわかる．海の公園における月別の藻体回収量（図12-3b）を見ると，水温の高い6月から9月までの期間が多い．ただし，詳細にみると年により，①初夏だけが多い，②秋だけが多い，③両期とも多い，④両期とも少ない，の各パターンが見られる．このように年単位や月単位による回収量の変動は，アオサに限ったことではなく，非作物系生物資源の場合にはよくみられることであり，これらの利用を考える場合には，原料供給量の変動を見据えた対処が必要であろう．大量繁茂した藻

体は，分解過程で場の貧酸素化や悪臭の原因となること，景観を損ねること，硫黄成分が揮発し，硫酸化合物となって近隣の建造物の腐食を引き起こすことなどの諸問題を引き起こす．このことから，自治体や漁協が藻体回収の負担を強いられる状況もしばしば生まれ，必然的に回収した後の藻体の処分方法や利用法について関心がもたれる．前述の海の公園の事例では，藻体を一旦浜辺に回収し，数日間天日に晒し，重量を減らした後，トラックで運び，焼却場で焼却処分しており，これにかかる費用も年間4,000万円程度と高額である（工藤，1999）．また，藻体には塩が含まれるため，焼却場の窯が傷むことが問題と認識されている．埋立地に持ち込んで処分することも選択肢の一つであるが，現在においては，埋立地の面積も限られ，多くの場合は難しい．藻体を回収したとしてもその後の藻体の処理法をめぐって苦慮している状況は，現在も各地で続いている．

1-2 アオサの分類学的知見

日本沿岸でグリーンタイドを引き起こしているアオサの種名については，形態的特徴から同定することが難しいこともあり，これまで必ずしも十分な科学的根拠がないままアナアオサとして報告される事例も多かったが，嶌田（2003）らにより分子系統解析（ITS領域の塩基配列を使用）が行われた結果，オオバアオサ（*U. lactuca*），アナアオサ（*U. armonicana*），リボンアオサ（*U. fasciata*），未同定種（*Ulva sp.*）など複数の種がグリーンタイドを引き起こしていることがわかってきた．西日本のグリーンタイドのアオサは，フランスや東南アジアなどの温暖海域に生育している種に似ていることが指摘されており，多くは浮遊状態で増殖し成長が早い（大野，1999a）．また藻体が柔らかく，食用に適するためシーレタスとも呼ばれたりする（大野，1999b）．なお，アオサ属（*Ulva*）とアオノリ属（*Enteromorpha*）とは別グループとされていたが，分子系統解析の結果，現在ではアオサ属として一つにまとめられている．

1-3 アオサの賦存量

アオサの資源としての賦存量については，イタリアのベニス内湾だけで年間100万t（湿重量）という推定がある（Orlandini, 1988）．国内では，前述のように横浜市海の公園で，年間113〜1,365t（湿重量），広島県宮島町で年間58

表12-1 海藻類の一般成分組成の比較

検体名（検体数）	水分含量 (%生藻体)	一般成分（%乾物）			
		タンパク質	炭水化物	脂質	灰分
海藻全体(n=99)	87.4	14.8	57.1	1.7	26.1
褐藻類(n=29)	85.6	13.6	57.2	2.2	27.1
紅藻類(n=21)	88.2	17.0	53.6	2.8	26.1
緑藻類(n=31)	89.1	15.1	57.6	0.8	26.5
海草類(n=18)	86.2	13.8	59.6	1.4	25.2
アオサ(n=28)	88.2*	15.1	58.4	0.7	25.8

*22検体の平均値

～555 t（湿重量），三河湾の一色干潟の場合で現存量として14.4～968 t（乾重量）（Matsukawa and Umebayashi, 1987），が報告されている．ちなみに海藻藻体中の水分含量を調べると，海藻のグループにかかわらず87％前後であることが表12-1（未発表）に示されているが，この値は若干過大評価になっている可能性があるため，乾重量に7を乗じた値が，概算の湿重量値と考えてよい．東京湾，浜名湖，九州沿岸を合わせると国内で，このように藻体湿重量で数十tから数千tの規模でアオサを回収可能な内湾が，全国で少なくとも10ヶ所以上存在している．

1-4 アオサの化学成分

アオサ藻体の一般成分は，平均値（n=22）でタンパク質15.1％，炭水化物58.4％，脂質0.7％，灰分25.8％であり，タンパク質が少なく，炭水化物（主に糖質）が多い素材といえる（表12-1）．筆者が一般成分の季節変動を調べた結果では，タンパク質含量が夏場に低く，冬場に高い傾向がみられた．工藤（1999）によれば，藻体の発生量が増える夏場に海水環境中の窒素含量が低下することが観察されており，これを反映して夏場の藻体タンパク含量が低めになると考えられる．その他の詳細な藻体成分については表12-2（Cuomo et al., 1995；折原，1999）に示した．海藻藻体は，一般に天然環境中の重金属類を濃縮することが知られていて，アオサの利用を考える場合には，カドミウムなどの含量に留意する必要がある場合がある．

表12-2 乾燥アオサ100g中に含まれる各種成分

成分名			含量 (mg)	出典
窒素全量			4,400	＊2
ナトリウム			3,900	＊1
カリウム			3,200	＊1
カルシウム			490	＊1
マグネシウム			3,200	＊1
リン			160	＊1
鉄			5.3	＊1
亜鉛			1.2	＊1
銅			0.8	＊1
マンガン			17	＊1
ヨウ素			4.8	＊2
ヒ素			0.009	＊2
鉛			0.22	＊2
カドミウム			不検出	＊2
水銀			不検出	＊2
総カロテン			6.78	＊2
ルテイン			9.47	＊2
ゼアキサンチン			0.47	＊2
クリプトキサンチン			不検出	＊2
ビタミン類				
	A	レチノール	不検出	＊1
		カロテン	2.7	＊1
		レチノール当量	0.45	＊1
	E		0.005	＊1
	B	B1	0.07	＊1
		B2	0.48	＊1
		B6	0.09	＊1
		B12	0.0013	＊1
	ナイアシン		10	＊1
	C		10	＊1

出典：＊1：科学技術調資源調査会，2002，＊2：折原，1999

1-5 肥料としての利用

アオサをコンポスト化する試みについては，ベニスで検討された際の製造工程（図12-4）を示した（Cuomo et al., 1995）．国内でも，長崎海洋環境研究会が，長崎県産業振興財団の補助を受けて商品化した「おやじのたい肥」などの事例がある．アオサの藻体は，水分含量が高く，シート状の形状をしているため，

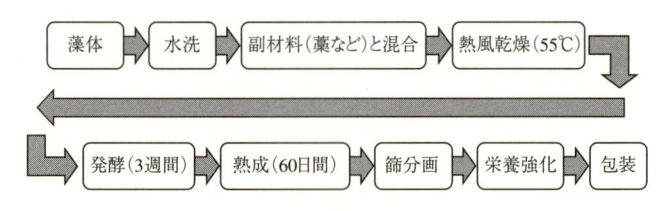

藻体 → 水洗 → 副材料（藁など）と混合 → 熱風乾燥(55℃) →
→ 発酵(3週間) → 熟成(60日間) → 篩分画 → 栄養強化 → 包装

図12-4　イタリアにおけるアオサコンポストの製造工程（Cuomo et al., 1995より作成）

折り重なると乾燥が均一に進行せず不都合であるため，藁や木材チップを混ぜ込むことが多い．海藻肥料の使用にあたっては，畑への過剰の塩分の持ち込みを懸念する声をよく聴くが，筆者が実際に堆肥化を検討した研究者などに聴いたところでは，軽く水洗する工程を入れれば全く問題ないという答えが多い．前述のCuomo et al.（1995）の報告では，重金属類の含量のうち，カドミウムの濃度がオランダやオーストリア92の規制値（1mg/kg乾物）を超えており，各国の使用規制値と照らし合わせて確認することが必要となる．現状では，世界的に肥料として利用されている海藻は，ノルウェー産のアスコファイラムに代表される褐藻類が中心で，窒素やリンの供給源という意味合いよりも，植物ホルモンやヨウ素を含んでいる点が注目されている．一方，アオサの場合には，肥料として有効とする報告（NEDO・東京ガス，2006）はあるものの，窒素やリン以外の有効成分が必ずしも多くなく，肥料効果も著者の経験では褐藻類程の顕著さではないように感じられる．したがって，堆肥の製造工程の低コスト化を図るとともに他の肥料素材との組み合わせなどにより，肥料効果の高度化を検討することが重要であろう．この他，島根県では，NPO法人未来守りネットワークが大量発生したオゴノリ（紅藻）の堆肥利用に取り組んでいる．藻体を回収した際に混入してくる他の生物を敢えて取り除かない点や木質チップの添加だけで水分調整を行い，乾燥工程を省くことで低コスト化しているなどの点が注目される（山陰中央新報，2010年12月20日）．

1-6　水産飼料としての利用

アオサは巻貝類などへの水産飼料としても有効であることが知られている．四井ら（1984）は，クロアワビの飼料としての有効性を色々な海藻について調べた結果，アオサの飼料価値が高いことを報告している（表12-3）．特に稚貝の

表12-3 クロアワビ稚貝の成長に及ぼす海藻の飼料効果

	稚貝の日成長率（μm）	
	殻長 11mm	殻長 30mm
イロロ	84.0	59.5
イシゲ	53.6	41.0
シワノカワ	21.0	27.3
ネバリモ	67.8	40.0
フクロノリ	34.5	53.0
ウミウチワ	10.3	46.7
ヘラヤハズ	52.7	40.7
アミジグサ	9.0	18.3
ワカメ	100.7	56.7
クロメ	3.8	37.0
ヒジキ	23.8	47.8
ヤツマタモク	16.7	53.2
ヨレモク	4.3	29.3
アナアオサ	77.5	63.7
ミル	5.3	20.8
マクサ	12.8	10.3
ソゾ属	4.0	20.2
カイノリ	22.3	75.3
フダラク	44.5	20.8
ビリヒバ	2.8	7.2
無投餌	0.0	7.8

（四井ら，1984 より作成）

飼料として有効であるのは，藻体が柔らかいためであろう．魚類飼料としての検討例（田島，1999）ではハマチの飼料にアオサを添加した結果，タンパク質蓄積率，エネルギー蓄積率など餌の利用度を表す指標が改善する一方，嗜好性が低下し，日間摂餌率，増重量，肥満度，脂肪蓄積率が対照区に比べ低下した．クロダイに対しても同様の傾向が観察されており（中川・笠原，1984），魚類飼料として利用する場合には，添加量を少なめにして，健康機能性を期待する使用法が妥当であろう．内田（2002）は，アオサを単細胞化・乳酸発酵する技術を開発し，発酵産物を水産餌料（マリンサイレージ）として利用することを検討している．アオサは，水分を多く含み重いため，回収した後，トラックなどで輸送をすると処理費がかさむ．そこで，できるだけ他の場所に運ばないで，そ

の場で分解(発酵)処理して,環境に戻そうというのが狙いだ(図12-5).本来,自然界では,アオサを放置しておくと微生物などによる分解作用を受けて,食物連鎖の中で循環していくものであり,これを人為的に管理しながら行おうということである.アオサを単細胞化・乳酸発酵させる技術については,使用する酵素のコストダウンに課題が残るが,実証規模(200l容積×2基)のマリンサイロでの大量生産にも成功している(図12-6).しかし,得られたアオサの単細胞産物について,アサリ稚貝飼料としての有効性を検討した結果,稚貝はこれを捕食するものの,成長が抑制されることが観察され,実用化に至っていない.このような成長抑制効果は,発酵処理をしていない藻体粒子を投与した場合にも観察されたことから,アオサが本来的に保有している成分が,アサリ稚貝の成長抑制の原因と考えられている.生のアオサ藻体を飼育水に浮遊させるだけでも稚貝の成長が抑制されることも確認されており,アサリ漁場に堆積するアオサの藻体を処理することの必要性を改めて喚起している.

図12-5 植物発酵技術を活用した農林水産業の概念図

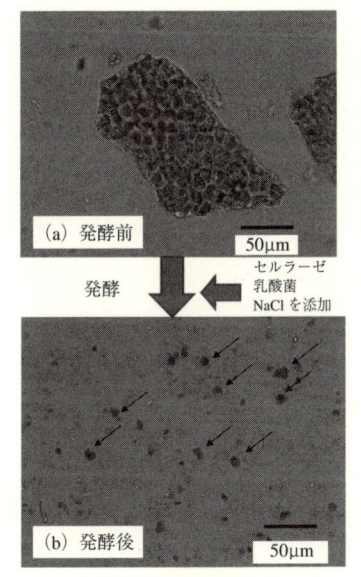

図12-6 アオサを単細胞化・乳酸発酵させて得られた飼料素材
アオサ藻体の発酵前（a）と発酵後（b）の顕微鏡写真，浜名湖に設置された発酵施設マリンサイロ（c）

1-7 畜産飼料としての利用

　アオサの家禽飼料としての利用は，神奈川県や三重県などの公的機関で検討されている．アオサは，カロテノイドの一種であるルテインをはじめ各種有効栄養成分を豊富に含んでおり，飼料に配合して給餌すると，卵黄中の総カロチン，ルテインおよびヨウ素含量が増加する（折原，1999；図12-7）．特にルテインが増加すると卵黄の色上げ効果があり注目される（表12-4）．また，佐々木ら（2008）は，アオサを給餌することで，家禽の肉垂腫脹の伸長が促進されることを観察しており，健康な鶏を育てるという観点からも注目される．海藻を家畜飼料として利用されることが普及するには，低コストで海藻乾燥粉末を製造する技術開発も求められるが，一方で海藻給餌が疫病にかかりにくい健康な家畜を育てることにつながるという認識が普及するようエビデンスデータを集積していくことも重要であろう．

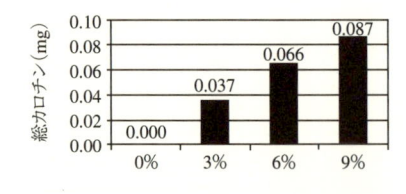

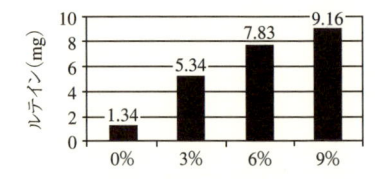

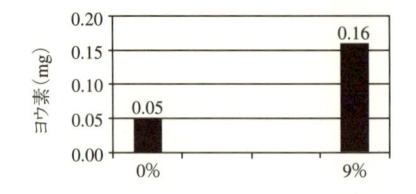

図 12-7　家禽試験におけるアオサの飼料添加率（%）と卵黄中のカロチノイドおよびヨウ素含量（折原，1999 より作成）

表 12-4　家禽飼料中のアオサ投与率が卵質に及ぼす影響

アオサ添加率 (%)	体重 (g)	卵重 (g)	卵殻強度 (kg/cm^2)	ハウユニット	卵黄色 カラーファン値
0	1,961	61.8	3.72	81.20	9.25
3	2,004	63.7	3.73	80.92	10.80
6	1,928	63.2	3.72	83.45	11.67
9	1,911	63.1	3.48	81.54	12.00

＊6 週間アオサを給餌後の影響（折原，1999 より作成）

1-8　食品としての利用

　アオサの食品利用としては，三河湾の渥美町周辺の民間業者により，アオノリふりかけとしての生産と利用がなされていて，第一の成功事例にあげることができる．原料となるアオサの国内流通量は，年間 1,000 t（乾重量）程度と推定されており，市場規模で十数億円程度と推定されている（大野，1999b）．しかし，国内のアオノリ市場は，既に飽和傾向を示しており，また食品として利用されるためには付着生物が伴わないなど高い品質の藻体が求められるため，国内のアオサ資源量全体の中の限定的な利用に留まっている．一方，天野（1999）は，アオサの藻体中に血液凝固抑制成分である D-システノール酸が多く含まれることに着目し，変異株を作出して天然藻体の 13〜40 倍の高濃度で本成分を蓄

表12-5 海藻およびD-システノール高産生変異株の遊離アミノ酸組成

アミノ酸	アナアオサ	ウスバアオノリ	ワカメ	マコンブ	アマノリ類	アナアオサ 親株	アナアオサ 変異株
D-システノール酸	152	73	2	NT	NT	630	4,042
アスパラギン酸	4	14	5	1,450	322	38	77
γ-アミノ酪酸	NT	NT	NT	NT	NT	0	914
アラニン	18	24	612	150	1,530	18	186
アルギニン	3	2	37	2	15	0	10
イソロイシン	4	6	11	8	20	0	12
グリシン	9	5	455	9	24	5	28
グルタミン酸	32	55	90	4,100	1,330	43	181
セリン	12	34	131	27	37	9	22
チロシン	2	2	10	4	13	5	18
トレオニン	6	4	90	17	46	8	22
バリン	4	4	11	3	41	4	25
プロリン	40	51	156	175	4	10	0
フェニルアラニン	4	4	9	5	7	3	23
リシン	1	1	35	5	12	3	10
ロイシン	7	7	20	5	31	3	20
タウリン	2	2	12	1	1,210	1	0
合計	300	288	1,686	5,961	4,642	780	5,590

NT：測定せず．（天野，1999）

積する株を得ている（表12-5）．アオサの成長速度の速さを利用した有用物質の大量生産の可能性を示した．

1-9 エネルギーとしての利用

NEDO・東京ガス（2006）では，処置に困るアオサを原料としたメタン発酵を行い，ローカルエネルギーとして利用することが検討されている．好適な条件で実証規模（図12-8）で発酵させた場合，発生してくるガスの60％がメタンであり，平均メタンガス収量，15.5 m^3/t 生藻体を得ている．ガスの発生は，10週間以上連続して問題なく起こることも確認されており（図12-9），発酵残渣が肥料として有効であることも報告されている（NEDO・東京ガス，2006）．

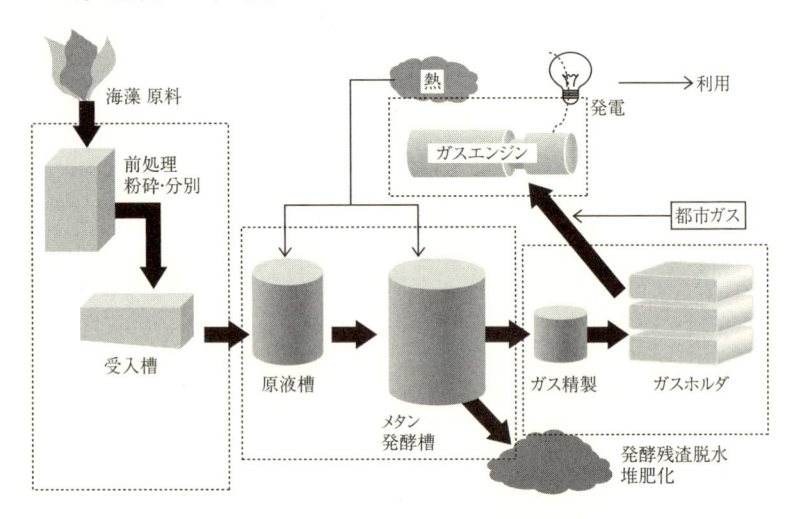

図 12-8　アオサからのメタン発酵実証試験プラントのシステムフロー
　　　　出典：NEDO・東京ガス（2006）：平成 17 年度海産未活用バイオマスを用
　　　　いたエネルギーコミュニティーに関する実証試験事業成果報告書，NEDO

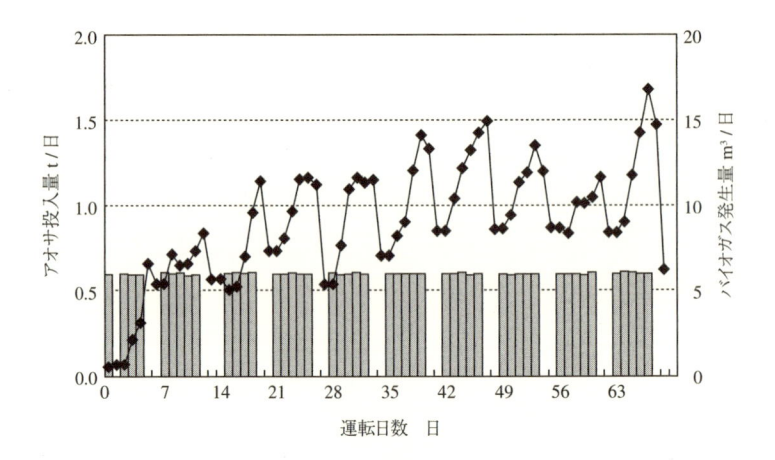

図 12-9　アオサを用いたメタン発酵の試験結果
　　　　出典：NEDO・東京ガス（2006）：平成 17 年度海産未活用バイオマスを用
　　　　いたエネルギーコミュニティーに関する実証試験事業成果報告書，NEDO
　　　　　　　：アオサ投入量，　◆：バイオガス発生量

§2. 淡水植物（ホテイアオイなど）の利用について

　富栄養化した淡水湖沼では，ホテイアオイなどの浮遊植物やオオカナダモ，ササバモ，セキショウモなどの沈水植物が大量発生する．富栄養化は経済的発展の目覚ましい開発途上国で顕著に起こるので，近年ではアジア各国で淡水植物の大量発生が報告されている．林（2001）の調査によれば，中国の太湖，デンチ湖，タイのブン・ボラペット湖，クワン・ファヤオ湖でホテイアオイが，中国のアルハイ湖，タイのノン・ハー湖，ブン・ボラペット湖，クワン・ファヤオ湖で沈水植物の大量発生がおこっている．例としてタイのブン・ボラペット湖での年間生産量は，沈水植物529,000 t，浮遊植物325,620 t，抽水植物（微細藻類）200,800 t，水生植物全体で1,190,420 tと推定されている．国内でも，琵琶湖，霞ケ浦，諏訪湖などで淡水植物の大量発生が知られている．これらの地域では，淡水植物を回収して家畜飼料や肥料として利用することが一部でなされている．最近ではバイオエタノールへの変換も検討されていて，浦野・小原（2010）の検討例では，藻体単位重量当たりのエタノール収量は，アオサなどの海藻類よりも4～5倍程度高いことが示されている（図12-10）．

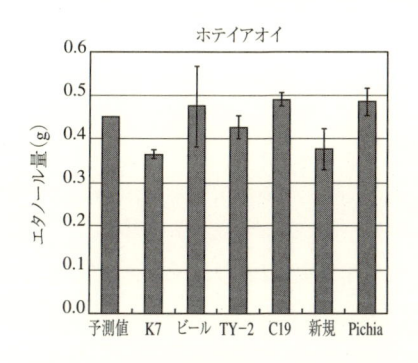

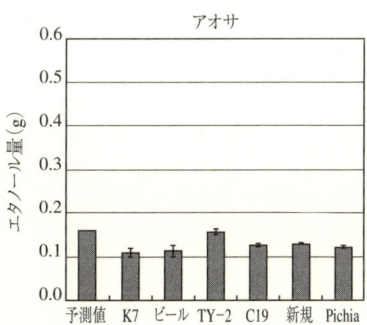

図12-10　異なる酵母株を使用して乾燥藻体原料（ホテイアオイとアオサ）3 gから得られるエタノール産生量の比較．予測値は糖化液中のグルコース含量から計算したエタノールの理論収量
出典：浦野・小川（2010）：水圏の未利用バイオマス―植物資源と微生物資源の有効利用，未利用バイオマスの活用技術と事業性評価，サイエンス＆テクノロジー，pp.309-324．

§3. 赤潮藻類の利用について

　富栄養化した水面で起こる微細藻の大量発生は，赤潮と呼ばれ，飲料水の毒素汚染や養殖魚の大量斃死を引き起こし社会問題となっている．世界各地の湖沼では，アオコ（藍藻）による赤潮が特に問題視されており，有毒藍藻が生産した毒素ミクロキスチンにより家畜およびヒトの死亡がおこっている．日本では，養殖魚の大量斃死を起こして問題となる海面赤潮の関心が高い．これらの赤潮藻類を利用するには，効率よく回収する技術の開発が必要となるため，基本的には，有効な取り組みはなされていない．しかし，中国のデンチ湖では，アオコを吸引採集して，脱水ケーキ化し，圧縮乾燥して定型固定ペレットとした家畜飼料が開発されている（林，2001）．現在，豚に対する飼育試験と事業性の検討がされていて注目される．一方，サニーヘルスら（2008）は，海面で旺盛に増殖する赤潮藻類は，強力な紫外線からの防御機構を有していると推察し，抗酸化物質の検索を行った．その結果，赤潮細胞の細胞内に既存の物質より活性の高い抗酸化物質の存在を見出した．とりわけ，*Gymnodinium impudicum*（渦鞭毛藻）が作り出す抗酸化物質は，他の抗酸化物質と異なり，200℃で加熱した際に，スーパーオキシド消去活性が増強することを観察している（図12-11）．

　厄介者の藻類にかかわらずバイオマス資源の有効利用の事例について，改めて見回してみて感じたことがある．日本では，高度な技術をもってバイオマス利用を検討しているにもかかわらず，事業化に至らないケースが多い．一方，中国や東南アジアの発展途上国では，巧みに利用がなされていたり，巧みに処理されていたりする事例を多く見かけた．そして，その利用技術の中には，かつて日本の農村で普通に行われていたもので，現在失われてしまった技術も多かった．これは，バイオマス資源の回収にかかる人件費が安いことや，土地代が安く単位面積当たりに要求される収益性が低いことが一因であろう．しかし，バイオマス資源を有効活用し，循環社会の構築を実現していくには，ヒトがライフスタイルを改め，価値観の部分から変貌を遂げていくことが何よりも大切である点を指摘しておきたい．

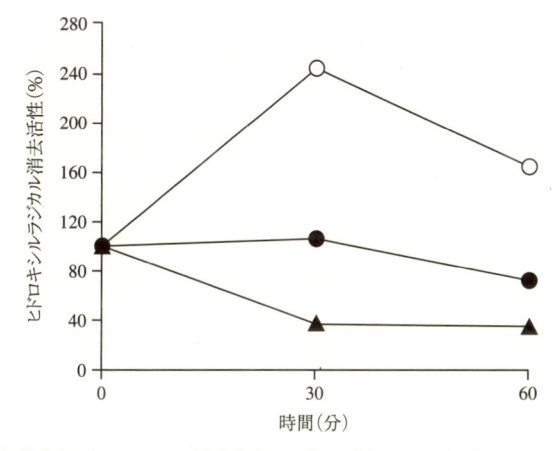

図12-11 各種赤潮プランクトン抽出物を200℃で熱処理した場合のヒドロキシルラジカル消去活性
出典：サニーヘルス・(独)水産総合研究センターら，2008.
○：*Gymnodinium impudicum*，●：*Alexandrium affine*，▲：*Chatonella ovata*

参　考　文　献

天野秀臣（1999）：遊離アミノ酸，アオサの利用と環境修復（能登谷正浩編），成山堂，pp.143-151.

Arasaki S.（1984）：A new aspect of *Ulva* vegetation along the Japanese coast, Hydrobiologia 116/117, 229-232.

Cuomo V., A. Perretti, I. palomba, A. Verde and A. Cuomo（1995）：Utilization of *Ulva rigida* biomass in the Venice Lagoon (Italy): biotransformation in compost. *J. Appl. Phycol.*, 7, 479-485.

Flecher R.T.（1996）：The occurrence of "green tide". In Schramm W, Nienhuis PH (eds) Marine Benthic Vegetation-Recent Changes and the Effect of Eutrophication. Springer Verlag, 1-43 .

林　紀男（2001）：開発途上国における湖沼等の富栄養化の現状と対策，富栄養化対策マニュアル（環境省編），pp.29-48.

科学技術庁資源調査会（2002）：五訂食品標準成分表，女子栄養大学出版部，pp.128-129.

工藤孝浩（1999）：横浜市海の公園では，アオサの利用と環境修復（能登谷正浩編）成山堂，pp.55-70.

Leliaert F., X. Zhang, N. Ye, E. Malta, A. H. Engelen, F. Mineur, H. Verbruggen and O. De Clerck（2009）：Identify of the Quindao algal bloom, *Phycol. Res.*, 57, 147-151.

Matsukawa, S. and O. Umebayashi（1987）：Standing crop and growth rate of *Ulva pertusa* on an intertidal flat, *Nippon Suisan Gakkaishi*, 53, 1167-1171.

中川平介・笠原正五郎（1984）：クロダイに対するアオサ添加飼料の効果，水産増殖，32, 20-18.

難波武雄（1985）：アワビ餌料としてのアオサ人工増殖法，養殖, 6, 102-107.

NEDO・東京ガス（2006）：平成17年度海産未活用バイオマスを用いたエネルギーコミュニティーに関する実証試験事業成果

報告書，pp.7-21.
大野正夫（1999a）：アオサと大増殖，アオサの利用と環境修復（能登谷正浩編），成山堂，pp.1-15.
大野正夫（1999b）：新しい食材になるアオサ，アオサの利用と環境修復（能登谷正浩編），成山堂，pp.137-142.
折原惟子（1999）：鶏の飼料として，アオサの利用と環境修復，（能登谷正浩編），成山堂，pp.129-136.
Orlandini M. (1988): Harvesting of algae in polluted Lagoons of Venice and Orbetello and their effective an potential utilization. In J. de Waart, P.H. Newhuis (eds), Aquatic primary Biomass (Marine Macroalgae): Biomass Conversion, Removal and Use of Nutrient. Proceedings 2nd Workshop COST 48 Sub-Group 3, Zeist Aut Yerseke, The Netherlands, 25-27 October 1988, 20-23.
サニーヘルス・（独）水産総合研究センター・長崎大学（2008）：ヒドロキシラジカル消去剤，ならびにこれを含む食品，薬品および化粧品，特開 2008-74833.
佐々木健二・巽　俊彰・西　康裕（2007）：採卵鶏における未利用海藻（アナアオサ）の長期給与の影響と免疫増強，平成19年度三重県畜産研究所試験研究成績書，pp.82-85.
嶌田　智（2003）：アオサ類の分子情報による集団生態学的解析と応用，海藻利用への基礎研究，（能登谷正浩編），成山堂，pp.70-87.
田島健司（1999）：養殖魚の肉質向上，アオサの利用と環境修復（能登谷正浩編），成山堂，pp.101-106.
内田基晴（2002）：海藻の発酵について，日本乳酸菌学会誌，13，92-113.
浦野直人・小原信夫（2010）：水圏の未利用バイオマス—植物資源と微生物資源の有効利用，未利用バイオマスの活用技術と事業性評価，サイエンス＆テクノロジー，pp. 309-324.

Ⅴ 部

ゼロエミッションの実施例

13章

軟体類の処理
―ホタテウロおよびイカゴロの脱カドミウムと飼料化

関　秀司

　南米における原料魚の漁獲量減少や中国における需要の急増により，2006年を境に養魚用飼料の主原料であるフィッシュミールの価格が約2倍に急騰し，その代替となる安価な原料が求められている．一方，東北・北海道の主要水産物であるイカとホタテガイの加工残渣（イカ肝臓とホタテガイ内臓）には高度不飽和脂肪酸やタンパク質などが豊富に含まれており，養魚用飼料としての有効利用が期待されている（佐藤，2005）．しかし，イカ肝臓（イカゴロ）とホタテガイ内臓（ホタテウロ）には飼料安全法の基準値である 2.5 mg/kg を大幅に上回る数十～200 mg/kg のカドミウムが蓄積しており（栗原ら，1993a；栗原ら，1993b），飼料への有効利用の大きな障害となっている．このような背景から，希硫酸／電気分解法（若杉ら，2002；嶋影ら，2003）や硫酸還元菌を用いた硫化物沈殿法（水谷ら，2003）などによるカドミウム除去が検討されてきたが，いずれも実用にいたっていない．そのため，現在はイカゴロとホタテウロの大部分が産業廃棄物として加工業者負担で有償焼却処分されており，年々高騰する処分費用（15,000～35,000円/t）が経営を圧迫している．

　イカゴロやホタテウロに含まれるカドミウムはpH 3以下の酸処理によって固形分から溶出（脱着）させることが可能であるが（栗原ら，1993a；栗原ら，1993b；Seki and Suzuki, 1997；関ら，2006a），処理後の固形分には処理液と同じカドミウム濃度の水分が含まれるため，処理液のカドミウム濃度が十分に低下するまで繰り返し酸処理を行わなければならない．希硫酸／電気分解法は従来法で最も有望視されたカドミウム除去法であるが，本来は古くから鉱業における金属精錬に用いられてきた手法であり，イカゴロやホタテウロなどの生物素材に適用した場合，硫酸を用いたカドミウム浸出工程における有用成分

の変性や分解が避けられない．また，一般的なタンパク質やアミノ酸はpH 4～6に等電点をもつため，電気分解を行う強酸性条件ではカドミウムイオンと同じ正電荷となって陰極に付着し，カドミウム除去効率が著しく低下するという問題が生じた．

イカゴロやホタテウロへのカドミウムの結合は可逆的な吸着反応であり，弱酸性においても一部のカドミウムが脱着して液相に溶出する．筆者らが発明した競争吸着法（Seki and Suzuki, 1997；関ら, 2006a；関・川辺, 2007）は，この吸・脱着平衡関係を利用したカドミウム除去法である．具体的には，液相のカドミウムイオンに対してイカゴロやホタテウロと競争的な立場となる吸着剤（競争吸着剤）を加えて混合撹拌することにより，液相に溶出したカドミウムイオンを直ちに吸着除去する．これにより液相のカドミウム濃度が低濃度に保たれ，イカゴロやホタテウロからのカドミウムの脱着が促進される．本法によれば，弱酸性から中性（pH 4～6）の温和な条件下でイカゴロやホタテウロと吸着剤を混合撹拌するだけで，固形分と液相から同時にカドミウムを除去することが可能である．本章では，競争吸着法によるイカゴロとホタテウロのカドミウム除去の原理と実施例について述べる．

§1. ホタテウロとイカゴロのカドミウム吸・脱着平衡

以下ではホタテウロとイカゴロを材料と略す．材料を酸性処理液に入れたとき，カドミウムは可逆的なイオン交換反応に従って材料と液相に分配されると仮定する．

$$-SH + Cd^{2+} \leftrightarrow -SCd + H^+ \tag{1}$$

-Sは材料のカドミウム結合サイトを表す．この反応の平衡定数 K_s [-] は次式で表わされる．

$$K_s = \frac{[-SCd][H^+]}{[-SH][Cd]} = \frac{q_s C_h}{(Q_s - q_s) C_m} \tag{2}$$

q_s と Q_s [mol/kg] は材料乾量基準のカドミウムの平衡吸着量と最大吸着量，C_h と C_m [mol/l] は液相の水素イオンとカドミウムイオンの平衡濃度である．材料

と液相を含む系全体のカドミウムの物質収支から，乾量基準の材料の初期カドミウム含有量 q_{sT} [mol/kg] は次式で表わされる．

$$q_{sT} = q_s + C_m / W_s \tag{3}$$

W_s [kg/l] は乾量基準の材料濃度である．式（2）と（3）から次式が得られる．

$$q = \frac{b - \sqrt{b^2 - 4q_T Q_s}}{2} \tag{4}$$

ただし，

$$b = Q_s + q_{sT} + \frac{C_h}{K_s W_s} \tag{5}$$

図13-1は，北海道八雲町（1993年）と鹿部町（2006年）で水揚げされたホタテガイの中腸腺について，酸処理によるカドミウム除去実験を行った結果である．乾量基準の初期カドミウム含有量は前者が約 200 mg/kg で後者は約 100 mg/kg であった．図13-2は北海道函館市（2006年）と浦河町（2007年）で水揚げされたマイカのイカゴロの酸処理実験の結果である．乾量基準の初期カドミウム含有量は前者が約 20 mg/kg で後者が約 50 mg/kg であった．これらの実

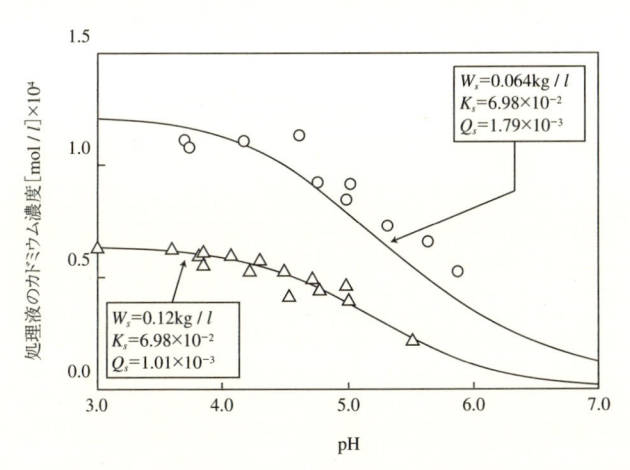

図13-1　酸処理によるホタテウロのカドミウム脱着
　　　　○：八雲町（1993年），△：鹿部町（2006年）

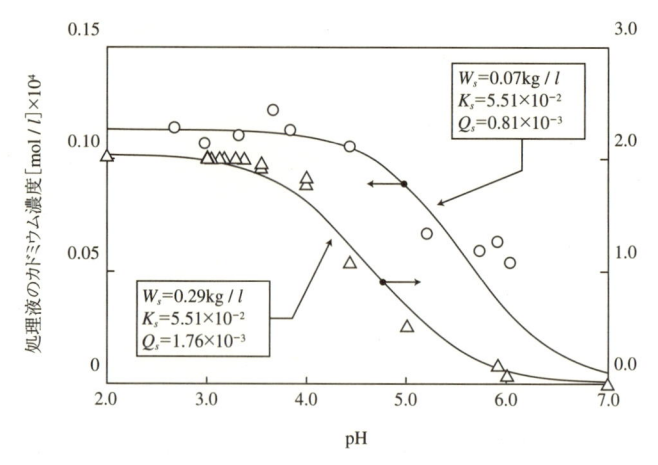

図 13-2 酸処理によるイカゴロのカドミウム脱着
○：函館市（2006年），△：浦河町（2007年）

験結果と式（4）と（5）による計算結果の残差平方和が最小となる K_s と Q_s を決定し，得られた値を用いて算出した推算値を実線で示した．いずれも実験値と推算値がよく一致し，これらの材料とカドミウムイオンの吸・脱着平衡が式（1）のイオン交換反応に従うことがわかる．図 13-1 と 13-2 から約 pH 3 で材料中のほとんどのカドミウムが脱着することがわかるが，酸処理には処理液を繰り返し交換しなければならないという致命的な欠点がある（関・川辺，2007）．

§2. 競争吸着法の原理

筆者らは，処理液に吸着剤を添加して液中のカドミウム濃度を常に低く保つことにより，材料から効率よくカドミウムを除去する技術を発明した（関・川辺，2007）．この方法では液相のカドミウムに対して材料と競争的な立場となる吸着剤を添加することから，本技術を競争吸着法と名付けた．吸着剤には食品産業などで汎用されているイミノジ酢酸系のキレート樹脂を用いた．キレート樹脂は処理対象とする材料の1,000倍以上の吸着容量（約 2 mol/kg）をもつことから，少量の添加でも処理液のカドミウム濃度を低下させる効果が期待できる．

競争吸着法のイメージを図 13-3 に示す．カドミウムを含む材料を新しい溶液環境に入れると，弱酸性であっても式（1）の平衡関係により一部のカドミウム

13章 軟体類の処理 —ホタテウロおよびイカゴロの脱カドミウムと飼料化　189

が液相に脱着する（STEP-1）．ここに材料の1,000倍以上の吸着容量をもつキレート樹脂を加えると（STEP-2），液相のカドミウムが速やかに吸着除去される（STEP-3）．これにより液相のカドミウム濃度が低濃度に保たれるので，材料からのカドミウムの脱着が促進される（STEP-4）．その結果，材料と液相から同時にカドミウムを除去することができる．

競争吸着法によるホタテウロとイカゴロのカドミウム除去実験の結果を図13-4に示す．ホタテウロを用いた実験の条件は，ホタテウロ湿重量0.1 kg，加

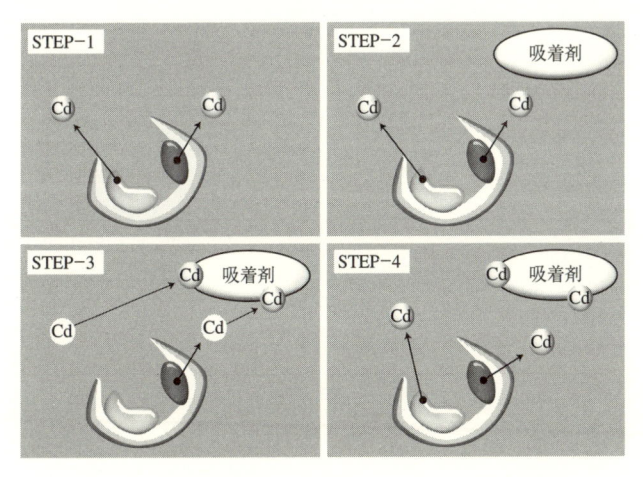

図13-3　競争吸着法によるホタテウロのカドミウム除去

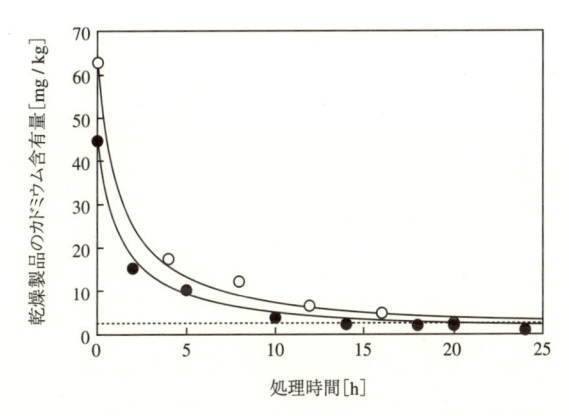

図13-4　競争吸着法（pH 4±0.1, 5-7℃）によるカドミウム除去速度
　　　　○：イカゴロ，●：ホタテウロ

水量0.2 l, キレート樹脂湿重量0.01 kgである. ホタテウロの初期カドミウム含有量は乾量基準で45 mg/kg, 乾量基準含水率は2.00であった. イカゴロを用いた実験の条件は, イカゴロ湿重量0.2 kg, 加水量0.2 l, キレート樹脂湿重量0.04 kgである. イカゴロの初期カドミウム含有量は乾量基準で64 mg/kg, 乾量基準含水率は1.74であった. ホモジナイズした材料に水とキレート樹脂を加えた混合液を, プロペラ型撹拌翼を用いてpH 4.0±0.1, 5〜7℃で撹拌し, 所定時間ごとに分取した試料のカドミウム含有量を決定した. 縦軸は材料混合液を固液分離せずにそのまま乾燥した製品のカドミウム含有量, 横軸は処理時間である. 図中の点線は飼料安全法の基準値 (2.5 mg/kg) を表している. この結果から, 競争吸着法によればpH 4においても24時間で乾燥製品としてのカドミウム含有量を1 mg/kg以下まで下げることが可能であることがわかる.

§3. 競争吸着法の律速過程

競争吸着法によるカドミウム除去プロセスの実用化において, 処理時間の短縮はプロセスの効率とコストパフォーマンスを向上させるための重要な課題である. 処理速度を改善するためには, 競争吸着法におけるカドミウム除去速度過程の解析を行い, その律速過程を明らかにする必要がある. 競争吸着法では材料からのカドミウム脱着とキレート樹脂へのカドミウム吸着の2つの律速過程が考えられるが, 図13-4に示した実験ではホモジナイズした材料を用いているので, 材料からのカドミウム脱着には24時間もの時間を必要としないと考えられる. よって, 競争吸着法によるカドミウム除去の律速過程はキレート樹脂へのカドミウム吸着過程であると仮定して解析を行った.

まず, キレート樹脂へのカドミウムの吸着速度過程を解析するために, 硝酸カドミウム水溶液を用いて吸着速度実験を行った結果を図13-5に示す. 一般に金属イオンの吸着速度過程は擬2次速度モデルに従うことが知られているので, 実験結果に次式の擬2次速度式を適用した (関ら, 2006b).

$$\frac{d(q_{rt}/q_r)}{dt} = k(1 - q_{rt}/q_r)^2 \tag{6}$$

$$q_{rt} = q_r \frac{kt}{1+kt} \tag{7}$$

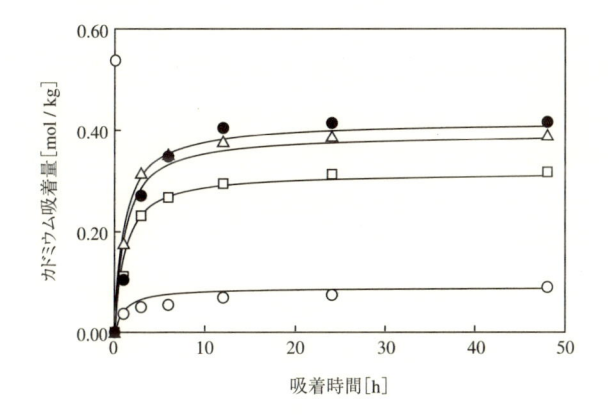

13章 軟体類の処理 —ホタテウロおよびイカゴロの脱カドミウムと飼料化

図 13-5 キレート樹脂へのカドミウム吸着速度
○：樹脂 0.4 g/l, Cd 0.2 mM, pH 2.87, □：樹脂 0.4 g/l, Cd 0.2 mM, pH 3.51
△：樹脂 0.4 g/l, Cd 0.2 mM, pH 3.63, ●：樹脂 0.2 g/l, Cd 0.1 mM, pH 3.85

k [h^{-1}] は擬 2 次速度定数，q_r と q_{rt} [mol/kg] は平衡状態と時間 t [h] におけるカドミウム吸着量である．実験結果と式 (7) による計算値の残差平方和が最小となる速度定数を決定した結果, k = 0.92 h^{-1} が得られた．図 13-5 の実線は式 (7) による推算値である．実験値と推算値がよく一致したことから，キレート樹脂へのカドミウム吸着速度過程は擬 2 次速度モデルに従うと判断した．

競争吸着法で t 時間処理した後に材料と液相に残ったカドミウム濃度を C_t [mol/l] とおくと物質収支から次式が得られる．

$$C_t = C_0 - W_r q_{rt} \tag{8}$$

C_0 [mol/l] は系中の全カドミウム濃度，W_r [kg/l] はキレート樹脂濃度である．式 (7) と (8) から次式が得られる．

$$C_t = C_0 - (C_0 - C_e)\frac{kt}{1 + kt} \tag{9}$$

C_e [mol/l] は C_t の最終値である．キレート樹脂に吸着せずに残ったすべてのカドミウムが乾燥工程で材料に濃縮するので，式 (9) から得られた C_t と乾量基準の材料濃度 W_s [kg/l] から，各時間における材料と液相をそのまま乾燥した製品のカドミウム含有量が得られる．

$$\Gamma_s = C_t/W_s \tag{10}$$

図13-4の実線は $k = 0.92\,\mathrm{h}^{-1}$ として式（9）と（10）から算出した推算値である．材料の種類や濃度にかかわらず実験値と推算値がよく一致していることから，競争吸着法によるカドミウム除去プロセスの律速過程がキレート樹脂へのカドミウムの吸着過程であることがわかる．

§4. 処理時間の短縮

吸着速度を支配する要因として，吸着サイトへの金属イオンの結合と吸着剤内部への金属イオンの拡散の2つの速度過程が考えられるが，いずれの場合も処理温度を上げることにより速度が上昇することが知られている．図13-6は処理温度40〜70℃で行った競争吸着法によるイカゴロのカドミウム除去実験の結果である．実験条件は，イカゴロ湿重量0.02 kg，加水なし，キレート樹脂湿重量0.004 kgである．イカゴロの初期カドミウム含有量は乾量基準で120 mg/kg，乾量基準含水率は1.13であった．処理温度を40℃から50℃に上げることによりカドミウム除去速度が向上し，処理開始後30分でカドミウム含有量が初期値の10%以下に低下した．処理温度60℃と70℃の除去速度はほぼ同等であり，処理開始後わずか3時間で飼料安全法の基準値である2.5 mg/kg（点線）までカ

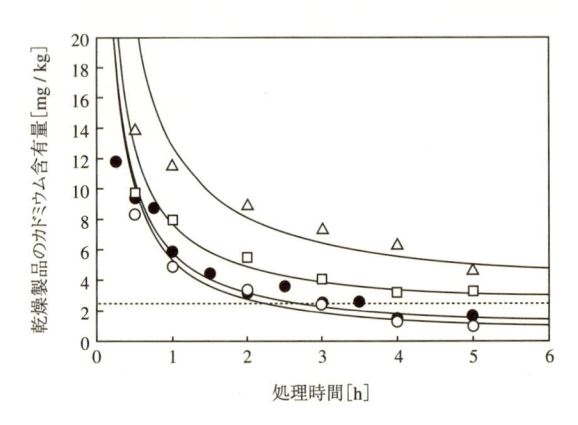

図13-6 競争吸着法（pH 6±0.1）によるイカゴロのカドミウム除去速度への温度の影響
　　　△：40℃，□：50℃，●：60℃，○：70℃

ドミウム含有量を下げることができた．図中の実線は式（9）と（10）による推算値である．処理温度60℃における擬2次速度定数は$k = 22.1$ [h^{-1}]であり，5～7℃で処理を行った場合（図13-4）の24倍に除去速度が向上した．ホタテウロについても同様の結果が得られ，処理温度を60℃に上げることによりカドミウム除去速度が約10倍向上した．処理温度を上げたことによって除去速度が向上しただけでなく，ホモジナイズした材料スラリーの粘性が低下してポンプ輸送やキレート樹脂の分離が容易になり，さらに低温殺菌効果も期待できるという実用上の大きなメリットが生じた．図13-6では材料に加水せずに競争吸着法を適用しているが，低温（図13-4）では材料の粘性が非常に高いため，実操作において加水せずにキレート樹脂を分離することは事実上不可能である．処理温度を上げることにより材料加温のためのエネルギーコストは増加するが，材料への加水を必要としないので処理後の乾燥工程にかかるエネルギーコストを大幅に削減でき，装置も小規模化できるという大きなメリットがある．

§5. カドミウム除去効率の推算

競争吸着法を利用したカドミウム除去装置の設計と操作条件の決定において，材料とキレート樹脂のカドミウム吸・脱着平衡の定量的なモデル化は不可欠である．キレート樹脂へのカドミウムイオンの吸着反応は次式で表わされる．

$$-RH_2 + Cd^{2+} \leftrightarrow -RCd + 2H^+ \tag{11}$$

イカゴロやホタテウロには銅，亜鉛，マグネシウムなどの2価金属も含まれるので，キレート樹脂へのこれらの吸着も考慮しなければならない．

$$-RH_2 + M^{2+} \leftrightarrow -RM + 2H^+ \tag{12}$$

M^{2+}はカドミウム以外の2価金属イオンを表す．式（11）と（12）の反応の平衡定数 K_r と K_M [mol/l] は次式で表わされる．

$$K_r = \frac{q_r C_h^2}{(Q_r - q_r - q_M)C_m} \tag{13}$$

$$K_M = \frac{q_M C_h^2}{(Q_r - q_r - q_M)C_M} \tag{14}$$

Q_r [mol/kg]はキレート樹脂の最大吸着量，q_r と q_M [mol/kg]はカドミウムと他種金属イオンの平衡吸着量を表す．式（13）と（14）から次式が得られる．

$$q_r = \frac{Q_r K_r C_m}{K_r C_m + K_M C_M + C_h^2} \tag{15}$$

材料の他種金属含有量がカドミウムに比べて十分大きく，キレート樹脂に吸着された後の液相の濃度変化も無視できるほど小さいと仮定すると，式（15）の $K_M C_M$ は材料濃度 W_s に比例する係数と近似できる．

$$q_r = \frac{Q_r K_r C_m}{K_r C_m + AW_s + C_h^2} \tag{16}$$

競争吸着系におけるカドミウムの物質収支から，液相のカドミウム濃度 C_m は次式で表わされる．

$$C_m = W_s q_{sT} - W_r q_r - W_s q_s \tag{17}$$

よって，A, K_r および Q_r が与えられれば，式（2），（16），（17）を用いた数値計算により競争吸着処理後の材料と液相のカドミウム含有量を求めることができる．他種金属イオンが存在しない場合は式（15）の $K_M C_M$，すなわち式（16）の $AW_s = 0$ とおくことができる．図13-5と同様に硝酸カドミウム水溶液を用いたキレート樹脂へのカドミウム吸着実験を行い，$AW_s = 0$ とおいた式（16）の計算値と実験値の残差平方和が最小となる K_r と Q_r を決定した結果，$K_r = 3.21 \times 10^{-4}$ mol/l と $Q_r = 2.05$ mol/kg が得られた．

図13-7はキレート樹脂添加量を変えて行った競争吸着法によるホタテウロのカドミウム除去実験の結果である．実験条件は，ホタテウロ湿重量0.01 kg，加水量0.01 kg，処理温度40℃，pH4.0±0.1とした．ホタテウロの初期カドミウム含有量は乾量基準で61 mg/kg，乾量基準含水率は2.57であった．点線は飼料安全法の基準値（2.5 mg/kg）である．ホタテウロのカドミウム吸着定数には図13-1に示した $K_s = 6.98 \times 10^{-2}$ を用い，最大吸着量 Q_s [mol/kg]はこの実験に用いたホタテウロの初期カドミウム含有量（5.45×10^{-2} mol/kg）とした．また，式（2），（16），（17）から算出した計算値と実験結果の残差平方和が最小となる A 値は 1.09×10^{-6} であった．図中の実線は得られた A 値を用いて式(2)，

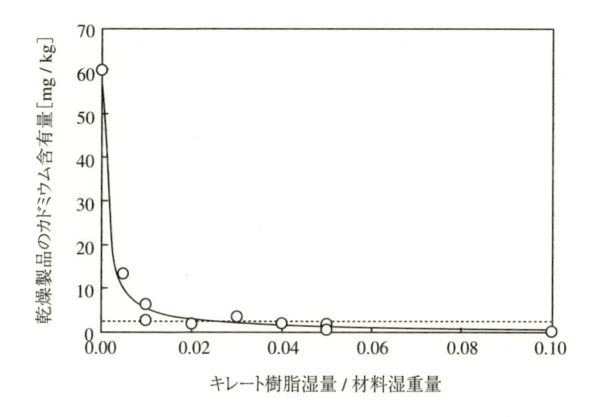

図 13-7 競争吸着法（60℃, pH 4±0.1）によるホタテウロのカドミウム除去

(16), (17) から算出した推算値である．本実験では推算値と実験値がよく一致したが，実際のプロセスでは材料の初期カドミウム含有量や含水率が変動するため，今後さらに条件を変えた実験を行い本モデルの妥当性を検証する予定である．また，イカゴロについても同じモデルを用いて解析を進めているところである．

§6. 競争吸着法によるカドミウム除去の実施例

筆者が参加した「ほたて貝加工残さ資源化技術の実証モデル事業（平成21年度農林水産省総合食料局関係事業・食品産業グリーンプロジェクト技術実証モデル事業）」における実証試験のフローチャートと装置写真を図 13-8 と 13-9 に示す．本事業では，ホタテウロのカドミウムを除去し肥料として利用することを目的として青森県平内町の水産加工場で実証試験を行った．湿重量で約 1,000 kg のホタテウロを溶解槽（図 13-9 a）に入れ，チョッパーで粉砕した後に酵素を加えて 60℃で一晩溶解処理を行った．溶解したホタテウロをカドミウム除去槽（図 13-9 b，右奥タンク）にポンプ輸送し，キレート樹脂（100 l）と 6 時間混合撹拌することによりカドミウムを除去した．カドミウムを除去したホタテウロを連続式乾燥機（図 13-9 c）にポンプ輸送して乾燥粉末状の製品とした（図 13-9 d）．この実証試験では，カドミウム含有量（乾量基準）が 32 mg/kg から 3.5

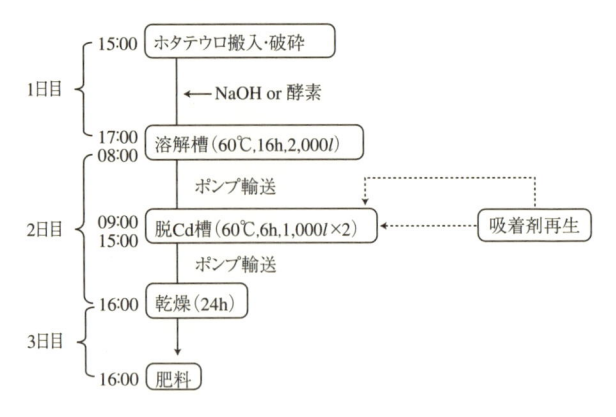

196　V部　ゼロエミッションの実施例

```
1日目 ┬ 15:00  ホタテウロ搬入・破砕
      │         │ ← NaOH or 酵素
      └ 17:00  溶解槽(60℃,16h,2,000l)
2日目 ┬ 08:00    │ ポンプ輸送
      │ 09:00  脱Cd槽(60℃,6h,1,000l×2) ←--- 吸着剤再生
      │ 15:00    │ ポンプ輸送
      └ 16:00  乾燥(24h)
3日目 ┬ 16:00  肥料
```

図13-8　ホタテガイ加工残渣資源化技術の実証試験フローチャート

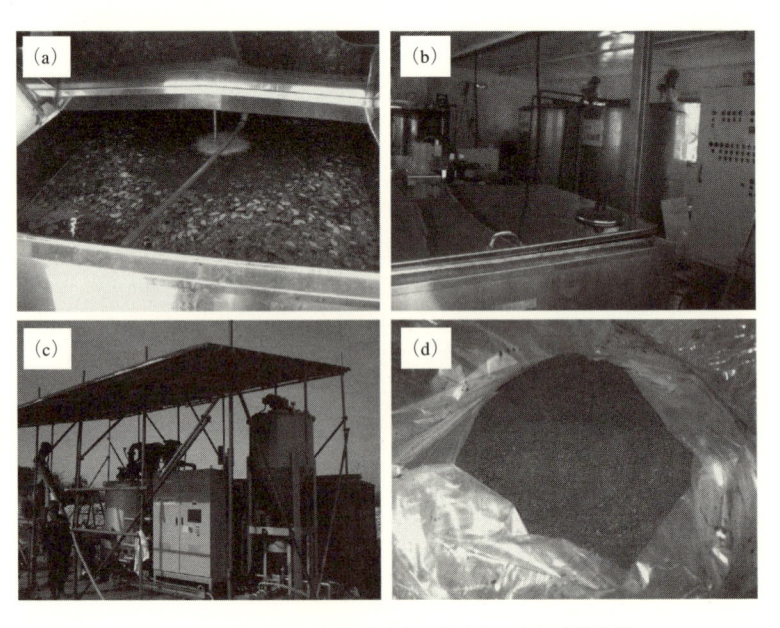

図13-9　ホタテガイ加工残渣資源化技術の実証試験装置
　　　　（a）ホタテウロ溶解槽
　　　　（b）カドミウム除去槽（右奥タンク）
　　　　（c）連続式乾燥機
　　　　（d）乾燥粉末状の製品

mg/kgに低下し，競争吸着法によりカドミウム含有量を肥料としての基準値（4.5 mg/kg）以下に下げることが可能であることを実証した．

また，競争吸着法の共同発明者である環境創研株式会社（北海道函館市）は，2009年に競争吸着法による「イカゴロを原料とした飼料原料化技術の開発（平成21年度北海道リサイクル技術研究開発補助金）」事業を実施している．この実証試験では，湿重量で400 kgのイカゴロに約40 lのキレート樹脂を添加して60℃，約pH 6で競争吸着処理を行った．その結果，乾量基準で約30 mg/kgであった初期カドミウム含有量を0.5 mg/kgまで下げることが可能であることを実証した．

謝　辞

本稿をまとめるにあたり，環境創研株式会社の川辺雅生氏には平成21年度北海道リサイクル技術研究開発補助金「イカゴロを原料とした飼料原料化技術の開発」および平成21年度農林水産省総合食料局関係事業・食品産業グリーンプロジェクト技術実証モデル事業「ほたて貝加工残さ資源化技術の実証モデル事業」における実証試験の結果の掲載を快諾いただいた．ここに感謝の意を表す．

参　考　文　献

栗原秀幸・渡川初代・羽田野六男（1993a）：イカ肝臓中のカドミウム濃度及びその除去法の試み，北大水産彙報，44, 32-38.

栗原秀幸・新井信太郎・羽田野六男（1993b）：ホタテガイ中腸腺中のカドミウム濃度及びその除去法の試み，北大水産彙報，44, 39-45.

水谷敦司・海野健一・高橋紀行・成田　均・永原利雄・武者一宏・藤井克彦・菊池愼太郎（2003）：微生物を利用する水産廃棄物の資源化，室工大紀要，53, 35-40.

佐藤敦一（2005）：イカ内臓（イカゴロ）を魚の餌に有効利用，北水試だより，68, 15.

SEKI H. and A. SUZUKI（1997）：A new method for the removal of toxic metal ions from acid-sensitive biomaterial, J. Colloid Interface Sci., 190, 206-211.

関　秀司・岡田　到・丸山英男・川辺雅生・中出信比人（2006a）：競争吸着法によるイカ肝臓からのカドミウムの除去，水産増殖，54, 449-453.

関　秀司・于克鋒・丸山英男・鈴木　翼（2006b）：水苔由来ピートモスによる重金属イオンのバイオソープション，化学工学論文集，32, 409-413.

関　秀司・川辺雅生（2007）：重金属を含有する有機物から重金属を除去する方法、及びそれによって得られる食品の製造方法，特許第4000346号．

嶋影和宜・平井伸治・戸田茂雄・山本　浩（2003）：希硫酸浸出／電解プロセスによる水産系廃棄物（通称イカゴロ）からの重金属イオンの除去，室工大紀要，53, 23-28.

若杉郷臣・富田恵一・長野伸泰・作田庸一 (2002)：イカ内臓の処理・利用技術の開発（第1報）―脱脂・重金属除去方法の基礎的検討―, 道工試報告, 301, 39-47.

14章

封蔵食品の製造と処理
― 青魚缶詰工場の事例

難 波 秀 博
信 田 臣 一

　保存性を高めるために加工調理した食品を容器包装によって密封したものが封蔵食品であり，その主なものには缶詰，瓶詰，レトルトパウチなどがある．それらの中で，年間生産量のもっとも多いのは缶詰で，387万t（丸缶，うち飲料357万t　2009年，社団法人日本缶詰協会）に達する．古くから，水産物は一般に腐敗変質しやすいため，缶詰を含む封蔵食品が保存の手段としてしばしば利用されてきた．一般にわが国で水揚げ量の多い漁港では，近辺にそうした缶詰の製造企業を含む多くの水産加工会社や鮮魚商，冷凍保管業者などが存在する．千葉県銚子漁港もそのような港であり，特定第3種漁港として水産振興上，国内で特に重要視されている漁港の一つといえよう．近辺は黒潮・親潮・利根川がぶつかる日本でも有数の好漁場となっていて，年間水揚げ量が日本一になることもたびたびである．加えて，東京など大消費地にも近いことから，やや離れた漁場で漁獲された水産物も，ここに水揚げされる有利な漁港となっている．

　銚子市は水産業（漁業234億円，水産物加工業702億円，2008年，千葉県統計課）が主要産業の筆頭であり，この他にも農業（生産額228億円，2006年）や醸造業（醤油285億円，2008年およびその加工品570億円，2003年，千葉県統計課）なども盛んである．

　缶詰産業は終戦後，輸出振興の役を果たしたが，チクロショック（1969年）やG5プラザ合意（1985年）などによって大きな打撃を受けた．このような状況に置かれた当社（信田缶詰株式会社）は販路を輸出から内需へと振り替えた．一方，主原料であるマイワシ漁獲量の増減にともなって原料供給が不安定であることから，原料確保のリスクを分散させるために，当社では東北地方に，銚子の他社は山陰地方にと，各社とも他の地方に工場を構えたこともあった．他方，

工場近辺に進出してくる住宅地から騒音や臭気の苦情が寄せられるようになり，市内での工場移転も繰り返し行なった．昨今は食品に求められる安全・安心のため，より衛生的な工場への改装など，事業を再構築する必要もあった．このような状況の中で，当社がこれまでに取り組んできた水産資源の有効利用の例として，封蔵食品とくに青魚缶詰の製造と処理の事例を紹介し，併せて環境保全活動について述べる．

§1. 資源の有効利用

当社の環境に配慮した事業の取り組みは，資源の有効利用を目指す所から始まった．一般にタウリンやEPA，DHAに代表される水産物に含まれる栄養素が人の健康維持に有効な機能性をもっていることが知られている（坂口・村田，1988；渡辺，2004；矢澤，1999）．一方，缶詰原料魚の50％に達する不可食部分は古くから肥料や魚粉として利用されていたが，その高度利用はなかなか進まなかった．当社は1996年に「青魚から宝を探し出す」をコンセプトに残滓を含めた未利用原料に対して高い付加価値が期待できる利用方法を研究し始めた．イワシの缶詰製造での加工利用部分が50％，そのうち可食部45％，加工中に廃液となってしまう煮汁部分が5％，加工利用できていない不可食部が50％となる．煮汁は臭いの問題もあり，全て利用されることは少なく，利用方法としては，フイッシュソリュブルを含めたエキス，機能性食品などがある．缶詰は通常殺菌することで保存性を確保するが，発酵・醸造のように微生物を利用する方法も期待した．絞り込みを重ねた結果，魚醤と魚鱗を検討する中で，魚のあらを原料とする魚醤では生産後に残渣が残り，完全利用が難しいことから，魚鱗の利用に絞り込んで研究をすすめた．

1-1 コラゲタイト（食用魚鱗粉）の開発
1）経　緯

魚鱗は魚の漁獲・加工の際に廃棄されるか，場合によっては意図せざる海洋投棄がなされる．また，魚の頭や内臓，骨などから魚粉や肥料に加工する際にも，魚鱗は難粉砕性・難分解性であることから障害物扱いとされる．しかし，魚鱗の主成分を調べると，コラーゲンとカルシウム源となるハイドロキシアパタイ

トであることがわかった．利用にあたっては多様な素材用途，鱗のままでの装飾用基材や建設用資材・塗料などとして，また，コラーゲンを含むことから食品・化粧品などの基材や，細胞培養，生体接着剤など機能性素材としての利用，さらにはハイドロキシアパタイトを含むことからカルシウム剤・人工骨や歯など，生化学研究用への利用などが見込まれた．試作では紙や陶器，食品への添加などを行った．魚鱗をそのまま漉き込む和紙を除くと，魚鱗は魚類の鎧でありながら柔軟性を併せ持つ特殊な生体組織で，これを身につけている魚類にとっては合理的だが，利用する側にとっては粉砕しづらく，非常に利用しにくいものだった．

コラーゲンあるいはハイドロキシアパタイトの分離・抽出も検討したが，一方を利用して他方を廃棄することは完全な利用でないため，全体を利用できる方法を追求した．

この難粉砕性である魚鱗を，ランニングコストを踏まえながら，様々な機械を用いて粉砕試験した．鱗の難粉砕性は主成分の一つであるコラーゲンに由来し，粉砕時に起きる問題に，焦げ付き，変色（変性），粒度分布の広さがあった．しかし，これらの問題を高速旋回気流方式の粉砕方法によって解決，微粉砕化を可能にした．この微粉末を元に商品開発を進めるとともに，魚鱗の主成分がコラーゲンとカルシウム源としてのハイドロキシアパタイトであることから「コラゲタイト」と名付けた．缶詰食品やパン，ギョーザ，ぬれ煎餅，洋菓子など，各種食品にカルシウムやコラーゲン，微量元素の強化を目的として添加しての商品化を行った．

また，コラーゲンとハイドロキシアパタイトの機能性を期待した基礎的，臨床実験を行った．その結果，骨粗鬆症の改善，骨密度の増加，毛艶の改善，皮膚角質層のターンオーバー（新陳代謝）促進効果などを動物やヒトを通して確認できた（㈳マリノフォーラム21（MF21）水産資源有効利用システム開発研究会及び水産資源有効利用研究会の研究成果，1997〜2001）．

特殊な用途として競争馬への投与も行った．競争馬は脚が命であり，その骨折は致命症となる．骨の主成分でもあるコラーゲンとカルシウムを同時に摂取させることは骨強化の理に適っている．ある牧場主の話では，カルシウム強化を目的に「いりこ」（干し小魚）を与えた際に，臭いを嫌って食べない馬がいたが，本品ではそのようなことがなかった．馬は体調がよいと体毛の生え変わりが早

くなるが，本品投与により冬でも体毛が短いことや，血液検査でも良好な結果が示され，こうしたことが牧場主から評価された．現在では，競走馬のほかに猟犬などへの骨強化を期待した補助食としても利用されている．

さらに進んで美肌効果や降圧作用，抗ストレス作用などを期待している．

2) 機能性

① 骨粗鬆症の改善（抗骨粗鬆症剤　特許番号第 3752344 号）

株式会社パナファームラボラトリーズ安全研究所（現三菱化学安全科学研究所）にて，ラットを紫外線カットランプの照明下，ビタミン D 欠乏飼料で飼育して，骨粗鬆症モデルを作成した後，試験区に魚鱗粉末，対照区に乳清カルシウムをカルシウム源として 0.48％含有する飼料で飼育した．

その結果，試験区，対照区ともカルシウム剤投与開始 21 日後骨梁，皮質骨は正常な厚みになり，ハバース管もわずかに拡張する程度で，フォルクマン管は正常に回復していた（図 14-1）．

さらに血漿中 Ca, IP（無機リン），ALP（アルカリホスファターゼ），湿骨重量，左大腿骨の破断強度などは，いずれも骨粗鬆症モデルの数値よりも明らかに高く，乳清カルシウムと同等またはそれ以上となった．

② 角質層ターンオーバー促進効果

ラットを用いて，ミルクカゼインをタンパク源とした飼料を投与した対照区

コゲラタイト投与開始 21 日後ハバース管が僅かに拡張している迄に回復したラットの右脛骨

人工的に骨粗鬆症を発症させたラットの右脛骨（ハバース管およびフォルクマン管が重度に拡張している）

図 14-1　骨粗鬆症モデルラットへの影響

（低タンパク質食11％），Ⅱ群，Ⅲ群およびⅣ群は対照区飼料にそれぞれ2％，4％，8％の割合でコラゲタイトを添加した．

実験開始日より4週間目に，蛍光塗料（2％ダンシルクロライドエタノール溶液）をラット背部の皮膚に塗布した．塗布後24時間目より24時間ごとに蛍光強度を測定し，その蛍光強度が50％減少するのに要する時間を算出し，角質層ターンオーバーの指標とした．

その結果，実験期間を通じて平均摂餌量はコラゲタイトを加えても変化しなかったが，骨格筋重量（後肢下腿部のひらめ筋，ひふく筋および長指伸筋の合計重量）や大腿骨重量は，増加した．また，大腿骨骨密度は，コラゲタイトの添加によって，増加する傾向を示し，角質層ターンオーバーは促進することが明らかとなった（図14-2）．

③抗ストレス効果

コルチゾールの分泌過多による生体の摩耗反応として，例えば，高血圧，動脈硬化，脳梗塞，心筋梗塞，免疫機能の低下，ガン，糖尿病，ミネラル・脂質・タンパク代謝の異常，消化管の機能障害，消化性潰瘍，肥満症（中心性肥満），高脂血症，骨粗鬆症などがある．コルチゾールに対抗し，生体を修復に導入するのが生体修復ホルモン DHEA-S（dehydroepiandrosterone sulfate）である．生体のストレス状態は尿中の 17-OHCS（17-hydroxycorticosteroids，尿OH）により，その摩耗の程度が明確になり，17-KS-S（17-ketosteroid sulfate，尿S）によりその修復機能が評価され，両者の比（尿S/尿OH；S/OH 比）により潜

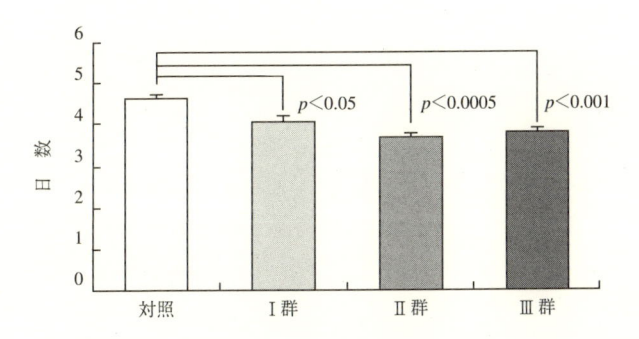

図14-2 ラット皮膚角質層ターンオーバーに及ぼす影響
縦軸は50％蛍光強度の消失日数を示す

在的ストレス対応能が明確になる．

低アルブミン血症のため浮腫があり，歩行困難な70歳女性に，コラゲタイトを，3ヶ月間服用させ，服用開始前後の尿S，および尿OH，S/OH比を比較した．各パラメーターの標準値は100である．尿は-10℃で凍結保存した．測定はIwata and Nishikaze（1985）の方法によった．

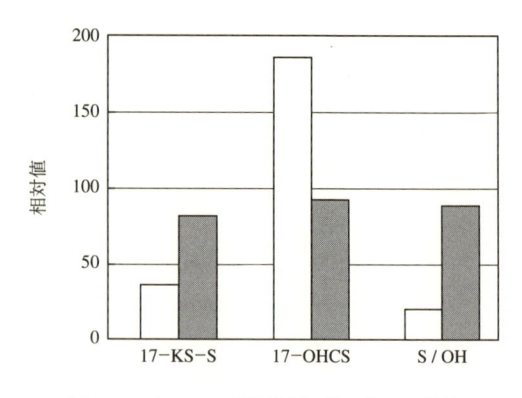

図14-3 ホルモン調節作用・抗ストレス効果

投与前の尿OHは185，尿Sは35，S/OH比は19ときわめて低値を示し，本女性に過剰なストレスが加わっていたことがわかる．投与後，尿OHは92と低下し，尿Sの数値は81と上昇し，S/OH比も88と上昇した（図14-3）．この結果，投与によってストレスが改善されることがわかった．また，副作用は認められなかった．

④ 慢性腰痛（骨粗鬆症）に対する効果

永田ら（2007a, 2007b）は腰痛患者ボランティア69例を対象に，コントローラーを設けた二重盲検法で行う実薬群（C群）・偽薬群（P群）の二群として，undenatured Type 1 collagen（魚鱗粉末由来）を投与した時（コラゲタイトとして1,875 mg/day，コラーゲンとして450 mg/day）の骨粗鬆症マーカーである尿NTX（1型コラーゲン架橋N-テロペプチド），尿DPD（デオキシピリジノリン），およびストレスマーカーである尿S（尿中17-KS-S），尿OH（尿中17-OHCS）の変化を検討した．

投与前の腰痛調査票による腰痛評価，血液検査，DHEA-S，生化学検査，尿検査，骨代謝マーカー（血清BAP，尿NTX，尿DPD），血圧を始めとする血行動態（収縮期血圧，1回拍出量，拡張期血圧，心拍数，心系数，総末梢血管抵抗（SVR: dyne・sec・cm^{-5}），ストレスマーカー（尿S，尿OH，S/OH比），QOL（quality of life，11項目）調査票の記入を投与前後に調べた．

血液検査，生化学検査および尿検査はいずれの項目においても，正常範囲内で，

両群間で治療前後に有意差はなかった.

骨代謝マーカーは，C群のDPDにおいて投与前の値に比し，投与後有意に低下・改善した．血行動態は，C群のSVRにおいて治療前に比較すると，治療後に有意な低下・改善し，血管拡張作用が認められた．また，ストレスマーカーは尿Sにおいて，治療後有意に上昇，ストレスに対する抵抗力を改善した．

QOL調査票によるQOL評価はQOL各項目において，C群では「疼痛」「家庭生活の幸福感」で有意に改善した．しかし，11項目の総和であるt-QOLにおいてはC群で改善傾向（$p < 0.1$）が見られたものの，両群とも治療前後で有意差は認められなかった．

これらの結果から，魚鱗から調整したコラゲタイトは血液・生化学・尿検査値に影響を与えず，安全な物質であり，生体のストレス抵抗性を向上させ，骨粗鬆症を緩和し，慢性腰痛の治療に有用であると考えられた．

§2. 環境保全活動

機会を得て欧米の缶詰会社の視察を行ったが，ここで缶詰会社の盛衰を目の当たりにした．イワシ缶詰製造では150年の歴史をもつシャンセレーラ社（フランス）ではイワシ資源があることの重要さを再認識させられ（1998），サバ缶詰を生産するセイビー社（デンマーク）では環境への取り組みの先見性と大切さを教えられ（1995），モントレー（アメリカ）では缶詰工場跡地の観光利用と生産工場としての終焉をみた（2002）．環境への取り組みを図るための調査を行い，九州エコタウン大学（（財）九州産業技術センター主催）では環境対策について行政，ビジネス，法律など多面的に（2000），国母工業団地視察では目指す廃棄物対策事業を（1999），デンマーク環境対策視察（デンマーク通商代表事務所主催）では，カルンボー市の，企業の排出物・副産物を企業間の取り組みによって利用した，ゼロエミッションの原型ともいえるSimbiosis（産業共生）として機能する実例を見た（2001）．

2-1 銚子青魚加工協同組合

水産缶詰会社が実施可能なゼロエミッションを図るために，当社は廃棄物調査を行ない（図14-4），水産加工排水，魚のあら（魚腸骨），排水処理による副

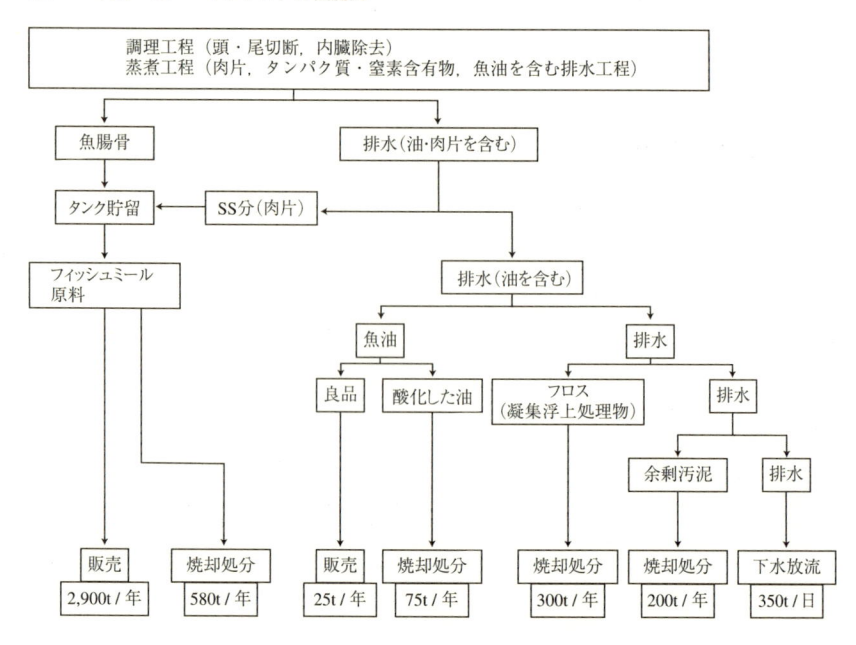

図14-4 水産加工場における廃棄物の調査

産物（余剰汚泥やフロス）が多いことを再認識した．水産加工において，頭や骨といったあらなどは肥料・魚粉や発酵調味料にしたり，貝殻のカルシウム剤や飼料化などで利用されている．

　幅広い環境対策を講ずるだけではなく産業共生の考え方から，水産加工や冷蔵保管，運送会社などの企業が集まる銚子青魚加工協同組合を2000年に5社で設立，2011年1月現在10社が加入している（出資金910千円）．中小企業法に基づく組合で共同購買事業による一括購入や一括輸送を通じて，原料の確保とコストダウン，合理化を図るなどを目的に掲げるが，従来廃棄されていた魚腸骨を原料とした栄養補助食品などの研究・開発を組合組織で実施し，組合員企業の経営の安定化を図るとともに，今後対応するべき環境問題をとらえ，リサイクル型で環境に優しいゼロエミッション型水産加工団地を形作るための調査・研究，ならびに施設の管理運営が根幹をなしている．

　集まった組合員の廃棄物調査では（表14-1），当社の調査同様に排水が最も多

表14-1 企業（3社）から1年間に出る廃棄物の内訳と重量（kg）

内訳	合計重量	A社	B社	C社
可燃ゴミ	177,786	1,000		113
白上質紙	12		1	
新聞紙	84		7	
段ボール	96,480	8,000	40	
布	60		5	
木屑	31,680		640	2,000
発泡スチロール	0			
PET	120	7		3
シュリンクフィルム	31,200		2,600	
その他	4,800	400		
不燃ゴミ	3,737,064			15
缶（食用）	9,960	830		
不良缶	14,400	1,200		
アルミ	108			9
金属（非食）	0			
鉄・ステンレス	318,000	500	26,000	
ビン（食用）	1,560	130		
（非食用）	0			
他（瓦礫類）	2,040	170		
生ゴミ	3,390,816			
厨房ゴミ	1,296			108
魚腸骨	2,860,320	216,200		22,160
不良缶分	19,200	1,600		
魚油	110,400	9,200		
フロス	300,000	25,000		
活性汚泥	99,360	8,280		
工業用廃油	240	20		
排水	68,172,000	4,600,000	1,000	1,080,000

く，次いで魚腸骨を主とする生ゴミ，不燃ゴミ，可燃ゴミの順であった．これらにリサイクル可能な段ボールや鉄・ステンレスも含まれていた．

　この調査を基に，銚子青魚加工協同組合として4つの計画，①水の有効利用，②魚腸骨の有効利用，③鮮度不良残滓の有効利用，④汚泥の有効利用を立て，実行に移した．

　環境対策は，1企業ではなく各社が集まって合理的に解決していく必要がある．特にゼロエミッションは廃棄物，エネルギーなど，リサイクル品の相互利用により成立する．これらを有効に解決するには，なるべく企業が1ヶ所に集まり，

組合化して共有地でゼロエミッション対策を行うことである．また，基本的ではあるが，水産加工業者ごとに適した魚体サイズの振り分け，物流の簡略化，簡易包装の検討，廃棄物の分別収集による資源化を図ることも有効である．

銚子青魚加工協同組合の環境保全活動の第一歩として，銚子市東部の分譲地を取得して，銚子市長期ビジョンの一翼として，2003度から4ヶ年計画を立て，水産加工団地建設に着手した．初年度は農林水産省，千葉県の補助金を受けて，集合廃水・中水処理施設（廃水処理能力日量1,000 m^3，中水300 m^3）を建設し，廃水の浄化と中水の利用を行い，環境保全と共同運用によるコストダウンを図った．分別収集も実践している．

上記の4つの計画のうち，③鮮度が不良となった残滓の有効利用例としてとりあげたバイオガスは研究段階で，地域食料産業等再生のための研究開発等支援事業（2005年度），（社）MF21水産資源有効利用研究会（2002～2004度）による研究成果として，組合で発生する汚泥，フロスなどのバイオガス発酵について魚腸骨の優位性（図14-5）およびアンモニアの蓄積とその解決法などの見識を得た．

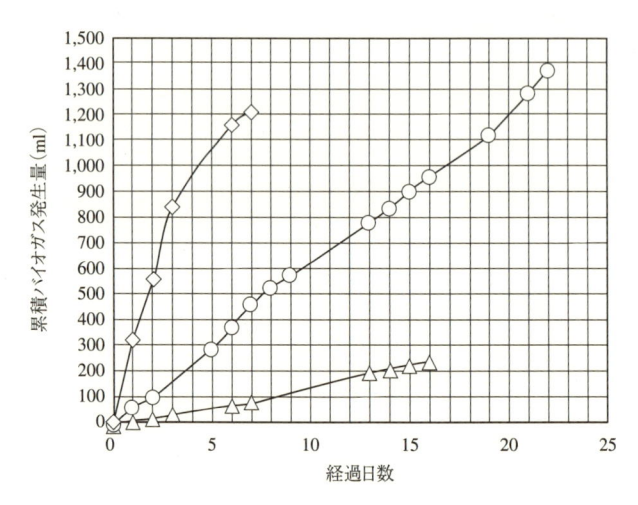

図14-5 基質別累積バイオガス発生量
　　　　－◇－：魚腸骨 1.0g-VS 当たり，－○－：フロス 1.0g-VS 当たり
　　　　－△－：余剰汚泥 1.0g-VS 当たり

2-2 青魚缶詰工場の活動事例

　水産加工団地建設とともに当社の新工場建設を行った．新工場稼動に伴う新旧工場での原料・資材の投入と製品・排出物を調査した結果を表14-2に示した．原材料およびエネルギー投入量を比較（旧新比）すると，原材料ではほぼ同じ，資材は1.2倍，電気・重油は8割に対して水道は1.2倍となり，昨今求められる食品工場の衛生管理重視の観点から水道では削減できていない．一方の製品および排出物では，製品は1.2倍，魚腸骨，魚油，汚泥などは7〜8割となっている．原料はほぼ同じであるのに対して製品が1.2倍と増加しているのは必ずしも利用率が上がった訳ではなく，旧工場では原料に頭・内臓付きの全魚体イワシを処理していたのに対して，新工場では頭・内臓除去済みのドレス処理イワシを輸入して使用していることが大きく影響している．

　缶詰製造工程では蒸煮の際に発生する廃液がある．現在は排水負荷となっているが，イワシで340 t，サバで90 tの廃液が年間で発生する．エキス分（全窒素換算）で，国産イワシで0.5％，輸入イワシで0.3％に対してサバで1％程度含まれることがわかった．このアミノ酸の形態は，ヒスチジンを除いてペプチドであることが推察された（表14-3）．

　環境対策活動を地域に広めるための環境教育にも協力している．地元の中学生を対象に環境教育として，見学や実習によって原料の漁獲・収穫，商品の生産，流通，消費，廃棄までに発生するCO_2量を調べてまとめさせ，サバ缶詰のカー

表14-2　原料・資材の投入量と製品・排出量

		2002年	2008年	増減率（％）
投入 (t)	原料	6,500	6,600	102
	資材	805	990	123
	電気（kwh）	1,462,689	1,267,536	87
	水道（m³）	118,596	149,136	126
	重油（Kl）	975	809	83
排出 (t)	製品	3,800	4,460	117
	魚腸骨	2,900	2,050	71
	魚油（良品）	23	18	80
	魚油（酸化）	68		
	フロス	300	735	69
	余剰汚泥	700		

ボンフットプリント（CFP）の概念を体験させた（安藤ら，2010；安藤，2010）（図14-6）．この体験を日常の授業化にまで発展させることは教師と対応する企業の負担の点で困難を伴うものである．しかし，児童の教育に見学や実習を伴うことで，普段の机上の学習とは異なる経験として地元を知ること，一つのものができ上がるまでにどのようにエネルギーが使われるか，また消費する，食べる，残すことがどのように環境への負荷を与えることになるかなどを学ぶ機会を提供できたものと考える．

終りに，本稿のご校閲をいただきました（財）国際全人医療研究所理事長永田勝太郎先生に心より感謝いたします．

表14-3　蒸煮廃液中に含まれるアミノ酸の組成（μg/ml）

遊離アミノ酸

	国産イワシ	輸入イワシ	サバ
アスパラギン酸	31	19	152
トレオニン	51	30	204
セリン	51	32	194
グルタミン酸	92	62	309
プロリン	31	69	497
グリシン	53	38	111
アラニン	136	93	298
バリン	62	38	304
メチオニン	44	30	218
イソロイシン	44	23	156
ロイシン	87	46	373
チロシン	48	36	187
フェニルアラニン	42	32	72
リジン	234	164	892
ヒスチジン	2,398	2,010	4,852
アルギニン	78	47	288
合計	3,482	2,769	9,107

全アミノ酸

	国産イワシ	輸入イワシ	サバ
アスパラギン酸	686	337	2,272
トレオニン	359	178	1,123
セリン	431	211	1,258
グルタミン酸	1,253	612	3,721
プロリン	991	448	2,665
グリシン	2,284	1,062	4,823
アラニン	1,561	732	3,313
バリン	342	169	1,118
メチオニン	293	141	703
イソロイシン	245	126	728
ロイシン	530	280	1,574
チロシン	311	157	1,088
フェニルアラニン	461	239	948
リジン	1,137	726	2,823
ヒスチジン	2,633	1,932	5,184
アルギニン	899	421	2,296
合計	14,416	7,771	35,637

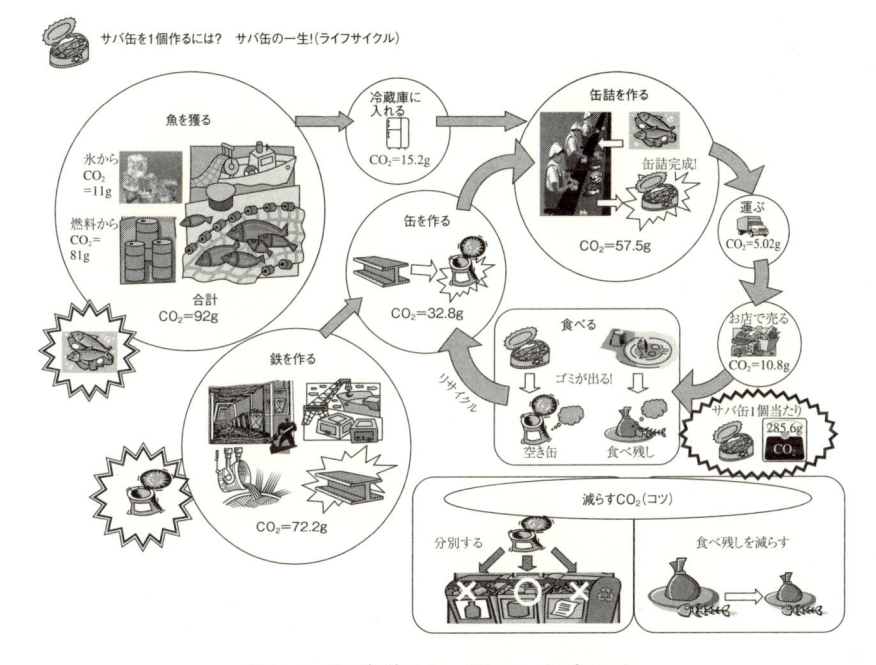

図14-6　サバ缶詰のカーボンフットプリント

参　考　文　献

安藤生大・粕川正光・狩野　勉（2010）：千葉県銚子産サバ缶詰のカーボンフットプリントを用いた環境教育プログラムの効果，千葉科学大学紀要，3, 1-13.

安藤生大（2010）：千葉県銚子産サバ缶詰のカーボンフットプリントの試算および環境教育教材への利用可能性評価，千葉科学大学紀要，3, 15-23.

Iwata J. and O.Nishikaze（1985）: A direct determination of sulfate conjugates of 17-oxosteroides in urine by use of benzyltributylammonium chloride - without solvolysis and enzymatic hydrolysis, Jpn. J. Clin Chem., 14, 204-207.

永田勝太郎・長谷川拓也・喜山克彦・広門靖正・大槻千佳・青山幸生・山田仁三・北村泰子（2007）：魚鱗粉末の安全性ならびに腰痛・骨粗鬆症に対する効果，臨床医薬，23, 773-782.

永田勝太郎・長谷川拓也・喜山克彦・広門靖正・大槻千佳（2007）：海洋性 undenatured Type 1 collagen の QOL ならびにストレスホルモンに対する効果の検討，全人的医療，8, 88-98.

坂口守彦・村田道代（1988）：タウリン，魚介類のエキス成分（坂口守彦編），恒星社厚生閣，pp.56-65.

渡辺悦生（2004）：EPA と DHA，水産食品デザイン学（渡辺悦生編），成山堂書店，pp.28-32.

矢澤一良（1999）：マリンビタミン健康法，現代書林.

15章

排水処理
―主として活性汚泥法を概観する

中 村　　宏

　近年地球環境問題への関心が高まる中で，水産・食品産業においても水質保全や排水処理における有害物質の除去，二次廃棄物処理の問題が重要課題になっている．ここではこの中で，排水処理に関わる技術動向，特に水産・食品産業界で用いられている主要排水処理技術として，活性汚泥を用いた微生物処理システムを念頭に，ゼロエミッションの観点から実施例や課題について述べる．

§1. 排水処理技術の現状

　実際に適用された例を整理するには，製品や技術の根幹となっている特許技術情報が重要である．そこで1993年～2007年の特許出願から，排水処理ゼロエミッションの技術課題と対象方法を整理した[*1]．基本的なデータとして排水処理に関する特許を見ると（図15-1），出願数は2000年をピークに減少していることがわかる．排水処理技術そのものは，高速化や重金属処理などの研究開発が進められてはいる[*2]ものの，微生物処理システムの排水処理に関わる技術そのものは，成熟技術で一定完成されたものということができると思われる．
　現在，特にゼロエミッションの観点から技術的産業的さらに社会的にも問題

---
*1：株式会社パテントリザルトの特許分析ツール "Biz Cruncher" を利用した．http://www.bizcruncher.com/
*2：例えば，1995年に設立された「食品産業環境保全技術研究組合」を中心にした一連の活動．本組合は，食品産業の環境対策をテーマに，農林水産省が助成する1996年度からの新規事業の実施主体となった．食品産業環境保全技術研究組合では，食品産業の製造段階における未利用の資源・エネルギーの有効利用，および排水中の有害物質除去技術の可能性に取り組んでおり，多数の技術指針やマニュアルなどが本組合から出版されている．

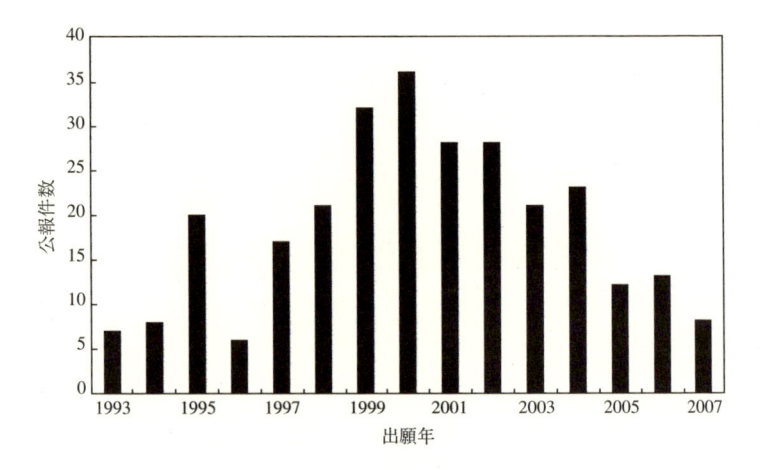

図15-1　特許出願件数

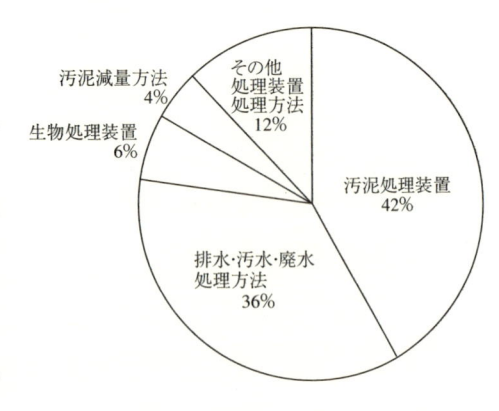

図15-2　出願特許の製品への反映

になっているのは，排水処理技術そのものではなく，処理された排水も含めた排水処理過程から発生する二次物質である．一般的に，問題となっている環境汚染物質（排水処理の場合は汚水）を処理した結果，新たな汚染物質を生む状況は環境処理につきもので，その意味で排水処理の場合も，ゼロエミッション化の視点が欠かせないと考えられる．中でも特に汚泥（いわゆる余剰汚泥）処理が注目される．

先述の特許調査をベースに，これら特許の関連する製品群を調査した．その結果を図15-2に示す．これによると，関連特許上位300では，排水処理そのもの（36％）を抑え，汚泥処理装置が1位であることがわかる（42％，汚泥減量方法を加えると46％となる）．そこで本章では，ゼロエミッションの観点から，今回の検討対象を余剰汚泥の処理を中心に，次のように整理した．

(1) 余剰汚泥減容化,
(2) 余剰汚泥有効活用,
(3) その他二次発生物の有効活用,
(4) 処理水の再利用・有効利用.
以下に本章では,(3)を除く3分野の技術動向,実施例と課題を整理した.

§2. 余剰汚泥の現状と減容化

2-1 余剰汚泥発生量と利用の現状

全国の産業廃棄物の総排出量は約4億t/年で,そのうち余剰汚泥は,最大の出現場所である下水処理場で,2006年度で乾重量223万t/年(含水率約97%の湿重量で約7,400万t)となっている.その組成は,約80%が有機物(179万t),残り20%が無機物(45万t)である.有効利用方法としては,有機物がコンポスト肥料[*3]に10%(主に緑農地利用),バイオガスに12%利用されているが,残り80%近くが焼却や埋め立て処理され,再利用はされていない.無機物は,セメント原料やレンガのようなコンクリート骨材など建設資材に約70%が再利用されている.

しかし,コンポスト化された下水処理汚泥由来の肥料は,重金属など有害物が含まれていることから普及は進まず[*4],建設資材化は他の建築資材と比較してコスト面で競争力がなく,これも普及は余り進んでいないこととなっている.近年盛んなエネルギー化では,主に嫌気処理(メタン発酵)による,いわゆるバイオガスの生産となる.下水汚泥223万トンを,全てエネルギーとして回収した場合,発熱量は原油換算で約97.5万klにもなるといわれるが,発酵処理に20日以上の長い日数を要し,ガスそのものの性状(カロリー不足と不純物の存在)と採算性の面から普及が広がっていない.最近進展のあるエネルギー化を中心

---

*3:堆肥のこと.有機物を微生物によって完全に分解した肥料を指す.
*4:食品排水処理から発生する汚泥によるコンポスト化は,重金属の含有がなく一定の成果を出している.食品コンビナートからの排水汚泥を主原料に製造した汚泥コンポストの効果を,化学肥料単用の慣行栽培と比較検討した結果,汚泥コンポストの連用により生育収量に対する効果が認められ,土壌物理性の改善も報告されている(吉田ら,2004).ただし,排水から出現する余剰汚泥全体から見ると,その適用例は余り大きいものではない.

とした有効利用の現状と展望に関しては後述する.

2-2 汚泥発生量の抑制

これまでの議論から,まずは発生汚泥量の抑制が課題となっている.
汚泥発生量は,概ね以下のように表される:

　　$Q_w = aB - bX$
　　Q_w：余剰汚泥発生量 [kg/d]
　　a：汚泥転換率
　　B：排水処理によって除去されたBOD量 [kg/d]
　　b：活性汚泥の自己消化率係数 [d-1]
　　X：曝気槽内の汚泥量 [kg]

すなわち,汚泥の発生量は,「汚泥転換率」と「除去されたBOD量」,「活性汚泥の自己消化率係数」,「曝気槽内の汚泥量」で規定されるものである.このうち,除去BOD量を小さくするとそもそもの処理水の性状が悪化することになるため不適当である.このため,汚泥発生量を抑制するには,1) 汚泥転換率を小さくするか,2) 自己消化率を大きくするか,3) 曝気槽内汚泥量を大きくすること,が求められることとなる.

以下に,これら1)～3)について述べる:

1)「汚泥転換率の抑制」では,大阪工業大学の研究グループから,腐植土やサポニンを処理槽に添加することで,汚泥転換率を抑制し(後述する)自己酸化率を向上するという方法が提案されている(見手倉ら,2002).本方法は,比較的小規模処理場向けで,汚泥転換率の抑制にはある程度寄与するものの,添加剤,付帯設備導入コストが必要となる.この他には,転換率の抑制に関しては目立った報告はない.

2)「汚泥の減容化」については,汚泥の自己消化率を高める汚泥分解技術に様々な取り組みがあり,テキストも多数出版されている.汚泥を曝気槽での生物分解が進むように可溶化し,再度曝気槽に返送して汚泥自身を基質として処理するものである.あるいは,沈殿槽から引き抜いた汚泥を別途用意した汚泥消化槽(自己消化槽)に入れ処理するものである.このため,要点は可溶化方法にある.この可溶化法には,酸化剤などによる化学法,ビーズミルやマイクロ波

などを用いた物理法，細菌による生物法がある（表15-1）．

いずれも可溶化汚泥が，排水処理システム全体としては新たなBOD（生物化学的酸素要求量）負荷となるため，導入にはこの処理によるBOD容積負荷増を調査し，排水処理性能への影響を慎重に検討する必要がある．

このような様々な可溶化法の他，自己消化率の改善には，より高効率な酸素溶解技術の適用，純酸素の注入など，曝気槽での酸素付加の改善も検討され多くのシステムが提案されている．なお，生物処理法のうち，食物連鎖法は国立環境研の研究グループなどで検討されたもの[*5]で，有機物としての余剰汚泥を，細菌から微小動物，小型動物から魚類などの肉食動物にいたる食物連鎖の中で捉えるものである．排水処理施設の最終沈殿池に汚泥を捕食するグッピーとそれを捕食するナマズなどの肉食魚を生息させ，生物処理全体としての食物連鎖を長く設定したものである．各食物連鎖の段階で呼吸エネルギーとして消散されることから，トータルに発生する生物量を減じようとするものである．排水処理システムとして考えると，全体の装置容量がかなり大きくなる点と生物相のバランスの維持が課題と考えられるが，途上国での活用が期待される．

表 15-1　汚泥分解（可溶化）技術

分類	具体的方法	内容
化学的方法	酸化法	オゾンの酸化力や酸化剤による
	酵素法	セルラーゼなどの酵素による細胞壁などの分解
	アルカリ法	アルカリ剤によるタンパク質などの処理
物理的方法	機械的分解法	ビーズミル，高速回転翼などの高い剪断応力による細分化
	熱分解法	高温によるタンパク質変性．一般の加温やマイクロ波を用いる
	電解酸化法	海水などの電気分解によって生成するHClO（次亜塩素酸）の強い酸化力を用いる
	水熱反応法	超臨界水，過熱水蒸気などによる亜臨界水の水熱化学反応による分解
生物的処理	自己酸化法	長時間曝気（過曝気）による自己酸化分解
	食物連鎖法	微生物，小動物などによる捕食連鎖の活用

[*5]：「自然利用強化型適正水質改善技術の共同開発に関する研究」の概要
国立環境研究所環境儀 NO.7 バイオ・エコエンジニアリング～開発途上国の水環境改善をめざして．
http://www.nies.go.jp/kanko/kankyogi/07/10-11.html

3)「槽内汚泥量を大きくする」には，かねてより浮遊担体法や接触ろ過法などが適用されてきたが，最近は膜分離活性汚泥法が盛んである[*6]．活性汚泥を用いた排水処理システムでは，汚泥と処理水の分離が必要になる．従来型の沈殿槽を用いた沈分離による処理水と活性汚泥の分離に関する性能は，活性汚泥の性状に大きく左右される．このため，汚泥の沈降性を維持するためには，その管理に多大な労力と熟練が必要であった．しかし，膜分離活性汚泥法の膜ろ過でこれらを分離し処理水を得る方法は，従来法では難しいMLSS[*7]濃度が高かったりバルキング[*8]のため沈殿不良が生じても，SSを含まない清浄な処理水を分離できる特徴がある．膜にも平膜，中空糸膜など様々な種類のものが開発されている．沈殿槽が不要となりシステム全体がコンパクトとなって，汚泥管理も容易となる．ただし利点も大きいが，膜のコストは高く，これに対する初期投資，一定期間ごとに必要な膜の更新費用，膜に対する定期的な洗浄とその薬液洗浄などのランニングコストが必要となる．このため導入にあたっては，従来システムとの設備コスト，既設のランニングコストと十分比較検討する必要がある[*9]．

§3. 余剰汚泥の有効活用

余剰汚泥を積極的に活用しようという試みは，国交省ロータスプロジェクト（下水汚泥資源化・先導技術誘導プロジェクト http://www.mlit.go.jp-040613_.html）など，近年盛んである．ロータスプロジェクトは，2003年12月に募集が開始され，2005年4月に研究開発がスタートした．その内容は，①廃棄処分

---

*6：例えば，国交省『下水道への膜処理技術導入のためのガイドライン［第1版］』について』（2009年5月29日）
　　http://www.mlit.go.jp-city13_hh_000068.html
*7：Mixed Liquor Suspended Solids の略．曝気槽内の汚水中に浮遊している活性汚泥のことで，単位は mg/l.
*8：BOD汚泥負荷が高かったり急激な負荷変動があるなど様々の原因によって活性汚泥中の微生物生態系のバランスが崩れると，正常時にはほとんど存在しない微生物，糸状性細菌や放線菌が異常発生する．この異常発生によって，汚泥の沈降性が不良となる現象をバルキングという．バルキングの原因は様々でその究明は難しいといわれている．
*9：例えば，「膜分離活性汚泥法による畜舎汚水処理を考える」（畜産環境アドバイザーのひろば：本多勝男）参照　http://www.leio.or.jp/pdf/17/adoba_28.pdf

するよりも安いコストで下水汚泥のリサイクルができる技術開発であるスラッジ・ゼロ・ディスチャージ技術（ZD技術）と，②下水汚泥などのバイオマスエネルギーにより，商用電力価格と同等かそれ以下のコストで電気エネルギーを生産する技術開発であるグリーン・スラッジ・エネルギー技術（GE技術）に関するものである．これに対して，民間企業など12機関が7つの技術を提案し，開発が進められた（清水ら，2008；更に「下水道機構情報」http://www.jiwet.jp/quarterly/n004/pdf/n004-005.pdf）．この他にも，有機性排水や余剰汚泥から高効率にバイオガスを生産するシステムは産学官によって様々な取り組みが進められている（財団法人ひろしま産業振興機構・広島県産業科学技術研究所，2006）．

ゼロエミッションの観点から余剰汚泥の有効活用という意味では，特に大規模下水処理場などの余剰汚泥を，バイオガス化する事業が注目される．現在，国内2,000ヶ所の下水処理場の1割程度には汚泥用メタン発酵タンクが備えられ，計3億m³/年のガスが作られている．ただ，組成の4割がCO_2を含んでおり，このためそのままでは発熱量が低く，H_2Sやスケール成分も含まれるなどの理由で3割は未使用で大気放出されている（あるいは焼却される）だけという現実があった．しかし，この方面での先進的な取り組みが，兵庫県東灘下水処理場における「こうべバイオガス」に見られる（堀井，2010）．

2008年4月に「こうべバイオガスステーション」が設置され，CNG車（天然ガス自動車）への商用供給が行われている．メタン濃度約60%の消化ガスを独自の「高圧水吸収法」で精製し，メタン濃度98%の「こうべバイオガス」を生産している．この「こうべバイオガス」を公共機関や民間の配送者（CNG車）の燃料として活用するものである．現在，2,000 m³/日の「こうべバイオガス」が供給可能で，これは市バス40台分（1日50 km走る場合）の軽油，または乗用車700台分（1日50 km走る場合）のガソリン燃料に相当する規模である．天然ガス自動車のスタンドは各地にあるが，バイオガスのメタンを車に供給するスタンドは全国でここが初めてである．しかし，バイオガスは，スタンドだけでは使い切れない現実があった．価格はガソリン車と比べ，ほぼ同程度か安めだが，ガス自動車自体の普及は一部にとどまっている．それは，処理場の周りで利用する台数を増やすのに限りがあるためで，処理場内の空調やタンクの加熱にも活用してきたが，それでも半分近く余り，焼却処分されてきた．

このため，処理場から160 m離れたところにある大阪ガスの配管に注目し，これに処理場で発生したバイオガスを導入することが考えられた．これによって2,000戸分の家庭のガス使用をまかなえる計算となるものである．この都市ガス導管への注入は，2010年10月に開始されることとなった．都市ガス仕様に精製した下水汚泥由来のバイオガスを，直接都市ガス導管に供給する試みは日本初のものである（http://www.osakagas.co.jp/company/press/pr_2010/1191341_2408.html）．太陽光発電などの再生可能エネルギーで進められる系統連系に匹敵するものと考えることができる．

この他，バイオガスを燃料電池に適用することがサッポロビール千葉工場で試みられた（法邑，2004；更に http://www.nef.or.jp-99syo10.htm）が，コスト的にはボイラーに直接投入する方がよいという結論になって普及にはいたっていない（環境省 http://www.env.go.jp-06_2.pdf）．やはりバイオガスの産業利用の本命は，「こうべバイオガス」の取り組みのように生成ガスの質を高め，都市ガス系統に組み込むことで未利用エネルギー資源として活用されることと思われる．

§4. 処理水の再利用

排水処理で処理された水そのものを，ただ処理水として排出してしまうのではなく，資源として活用して初めて排水処理ゼロエミッションが成立するといえる．そこで最後に，処理後排水の再利用について概観する．

日本の再生水利用量は2005年度で約2億 m^3 であり，下水処理水の再利用率は約1.4％である[10]．利用量のうち，59％が修景用水や親水用水，河川維持用水などの環境用水として利用されているのが特徴とされている．特に，関東圏，中京圏，近畿圏，福岡都市圏など，人口の集中する都市における利用が盛んである．利用途全般を表15-2に整理した．また，排水再利用水の用途として，水洗便所用水である大便器および小便器の洗浄水とする場合の水質基準を表15-3に示す（ただし，手洗い付き洗浄用タンクおよび洗浄便座には使用しないものである）．水洗便所用水としての利用も，関東圏，近畿圏，福岡都市圏など，人口

---

[10]：国交省「下水処理水の再利用のあり方を考える懇談会」より
http://www.mlit.go.jp/crd/city/sewerage/gyosei/shorisui.html

表 15-2 再生水利用方面の分類

分類		内容
水資源化	水源地	山林や田地などの水源地へ、散水などを行って処理水を供給する方法
	表流水	水利権を有する河川、ダム、ため池などに処理水を供給する方法
	地下水	地下水に直接処理水を注入供給し、相当量分の取水を増やす方法
	直接利用	十分に処理した水を、浄水場に直接供給する方法
間接利用	移転	他の水利（農業、工業、維持水量など）と水利権を交換する方法
	直接	中水道、雑用水道として再生水を供給し、全体としての水道水利用を抑制する方法
需要抑制	間接	親水、修景、散水としての用途に再生水を利用する方法

表 15-3 排水再利用水の水質

項目	内容
用途	便所洗浄水
pH 値	5.8 以上 8.6 以下であること
臭気	異常でないこと
外観	ほとんど無色透明であること
大腸菌	検出されないこと
遊離残留塩素（結合残留塩素）	給水栓の水で 0.1mg/l 以上（0.4mg/l 以上）
BOD	20mg/l 以下（個別循環の場合 15mg/l 以下）
COD	30mg/l 以下

の集中する都市における利用が盛んである．これは自治体などの助成による要因も大きいものと思われている[*11]．

このように都市部での再生水利用が進んでいるが、近年、比較的まとまった複数のビルなど、建築物所有者などが共同で雑用水道を運営し、その地区内の雑用水として使用する「地区循環方式」や、より広い地域を対象に下水処理場などで処理された水を雑用水としてその地域内の事業所や住宅などに供給する「広域循環方式」が導入されつつある。東京都の東京23区では、河川維持用水、水洗トイレなどの雑用水、せせらぎなどの環境用水など、用途に応じ必要な水

---

*11：「地球温暖化と再生水利用」シンポジウム資料より（主催：国土交通省・東京都等，2008年1月18日　於科学技術館）

質に処理した下水再生水を利用している．例えば，目黒川などの水源に85,000 m³/日，新宿・汐留地区などのトイレ用水に7,000 m³/日，東京臨海新交通臨海線の「ゆりかもめ」車両の洗浄用水として2,000 m³/日，など河川維持用水，雑用水，洗浄用水などに活用されている[11]．

特に，近年の膜技術の進歩によって，非常に清浄な水が得られるようになり，一部事業体で再利用の取り組みが進められている（坂田ほか，2007）．先進的な取り組みとして知られるシャープ亀山工場の排水再利用の状況を，図15-3に示した[12]．

膜を用いた水の再利用技術では，膜の目詰まり，ファウリング[13]が最大の課題となっている．そのため，膜面の薬液洗浄，膜の交換が管理運営面でも経営面でも重要である．また，膜分離法ではSSの除去はできても，イオン化した無機塩類が原因である着色やCOD・窒素の除去ができない問題もあり，別途オゾン酸化処理や活性炭などを用いた吸着処理などが必要となる．

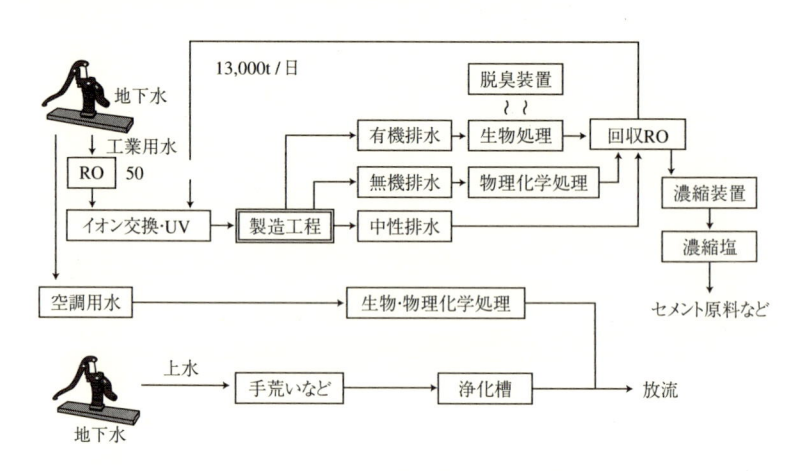

図15-3 シャープ亀山工場の排水再利用

---

*12：第8回日本水大賞　経済産業大臣賞受賞「シャープ亀山工場における製造工程排水の100％リサイクル」
http://www.japanriver.or.jp/taisyo/oubo_jyusyou/jyusyou_katudou/no8/no8_pdf/sharp.pdf
*13：ファウリングとは処理原水に含まれる難溶性成分や高分子の溶質，コロイドなどが膜表面に沈着して，透過流束を低下させる現象をいう．沈着が膜内に起こった場合は，目詰まりという．

15章 排水処理 —主として活性汚泥法を概観する　　223

　いずれにしても，膜の利用のおかげで相当清浄な水が得られ，コスト的にも海水淡水化よりは安価であるともいわれるが，一方，下水処理水を一般向けの飲料用にすることにはやはり心理的な抵抗感が根強いようである．下水処理水の水道水源利用が進み，渇水都市として先進的取り組みを進めている福岡市のアンケートにおいても，実に住民の95％が飲料水とすることには反対の意見を出している．このため，排水処理水の再利用先としては，当面先述のような間接的な利用として，雑用水，あるいは親水，散水としての用途に利用し，水の需要抑制につなげることで利用が進むものと思われる．

　一方，目を世界に転じると全世界的には水不足の現状がある．このため，技術的には先行するわが国の排水利用水再生技術と処理水の利活用に関する取り組みは，海外展開が期待される分野である．ただ現実には，日本企業は要素技術には優れた評価を得ているが，上下水道施設の建設から管理までを一貫して請け負う，例えば仏ヴェオリア・ウォーター（http://www.veoliawaterst.com/）などのいわゆる「水メジャー」に比べ，海外展開では後れを取ってきた．このため，業界団体などが設立され海外での水ビジネス展開が進められようとしている[*14]．政府の新成長戦略の一つに水インフラ輸出が盛り込まれたこともあり，自治体と企業が連携する例も増えている．実際，自治体では東京都や横浜市が水ビジネスに乗り出しているが，今般（2011年2月）北九州市[*15]が初めて海外受注に成功した．上下水道整備の技術やノウハウを活かし，世界遺産「アンコールワット」で知られるカンボジア北西部のシエムレアプ市で計画される浄水場建設事業の基本設計を受注したのである．これを機に，海外水ビジネス事業をめぐる自治体間の動きが一層活発になるものと思われる．今後，「オールジャパン」体制で水事業に取り組み，海外に積極的に展開される事が期待されている．

---

*14：海外での水ビジネスでの連携を目指し，2008年に日立プラントテクノロジーや東レなど14社で発足した企業連合として「海外水循環システム協議会（GWRA）」がある．3年で参加企業数は約50社に増えている．

*15：北九州市では，2010年8月に官民一体の「海外水ビジネス推進協議会」を設立した．政府が，上下水道のインフラを輸出する海外水ビジネスを経済の成長戦略の柱に位置付けたことを受けた施策である．96の企業，団体が加盟している．アジア各国で水道技術の支援を続けた実績と培った人脈を生かし，中東，アジアでのビジネス展開を目指している．

§5. まとめ

1) 排水処理のゼロエミッションでは，排水処理過程で発生する余剰汚泥の取り扱いが最重要課題であり，対策としては，減容化して発生量を抑えるか，資源として有効利用するかである．

2) 減容化技術は多数ある．ゼロエミッション推進上の意義が大きいが，実際の導入には，初期投資と維持に係わるコストについて，既存の方式に比べた慎重な検討が必須である．

3) 近年余剰汚泥を資源として捉えた利用技術の研究開発が盛んで，特にそのバイオガス化は，排水のゼロエミッション推進として注目される．ただ，この導入普及には，設備購入コストだけではなく，トータルの事業として具体的なコスト検討，社会的合意が重要である．高品位なガスの精製に係わる技術開発を進めるとともに，既存都市ガス網との接続などインフラ整備が一番の課題となっている．

4) 余剰汚泥の利活用の他，ゼロエミッションの観点からは，処理排水そのものの水としての利用が想定され，都市部を中心に様々に活用されつつある．しかし，飲料水として用いるには心理的抵抗感が拭えず，また水の豊富なわが国では処理水利用がなかなか進まない現実がある．一方，目を世界に向ければ，国際的な水不足の状況があり，今後わが国の水再生利活用技術を活用した総合的な水事業として，海外展開が期待される分野であると思われる．

参 考 文 献

法邑敏幸 (2004)：微生物を利用した環境修復とゼロエミッション構想 ビール工場排水からのバイオガスを利用した燃料電池システム，海洋と生物，26，154-159．

堀井澄夫 (2010)：神戸市こうべバイオガス活用事業，クリーンエネルギー，19，49-51．

法人ひろしま産業振興機構・広島県産業科学技術研究所 (2006)：有機性排水・余剰汚泥の高効率嫌気性処理システムの開発（広島県産学官共同プロジェクト成果報告書）．

国土交通省大臣官房官庁営繕部建築課監修 (2001)：構内舗装・排水設計基準及び同解説，建設出版センター．

見手倉幸雄・古崎康哲・石川宗孝 (2002)：汚泥のゼロエミッション化技術の推進，水処理技術，43，259-265．他，大工大グループの一連の土木学会講演発表．

坂田和之・山嵜和幸・中條数美 (2007)：最新のマイクロ・ナノバブル技術，環境浄化技術，6，18-22．

清水俊昭・森島嘉浩・大福地智弘 (2008)：下水汚泥資源化・先端技術誘導プロジェクト，土木技術，63，57-63．
食品産業環境保全技術研究組合編 (2002)：食品産業における排水・汚泥低減化技術の未来を拓く，恒星社厚生閣．
吉田重方（名古屋大）・角谷弘雅・粂井利章 (2004)：食品排水汚泥コンポストの長期運用効果の解析，農業および園芸，79，386-392．

おわりに

　本書の随所にみられるように，水産廃棄物やいわゆる厄介者の中には高い付加価値を期待できるものも少なくなく，今後研究を深め，骨太なエビデンスを提示していくことにより，廃棄物利用の大きなインセンティブを与え得るものがある．それらの高付加価値成分のさらなる機能解明に加え，高付加価値成分抽出後の二次廃棄物のカスケード利用をいかに進めていくかも重要な課題である．

　一方，魚腸骨のように旧来より，ほとんどがフィッシュミールに加工され，その印象から，「水産関連産業はゼロエミッションの優等生」ともいわれてきたものもなくはないが，本書でも明らかなように，今日に至るまで大規模かつ恒常的な有効利用法が確立されておらず，最終処分場や一時保管場所の残余年数の問題，不法投棄の発生など深刻な問題を多く抱えているものも少なくない．水産廃棄物を"廃棄物から資源"に切り替え，循環型社会を構築していくためには，8章でも述べられているように，水産物の季節変動の大きさ，排出物の多様性の影響を如何に平滑化していくかが大きなポイントになる．そのためには，農水畜林などの一次産業のみならず，食品ごみや，あらゆる生物系廃棄物をブレンドする技術，各種廃棄物情報の共有化を核とした集積システムなどを確立する必要がある．これによって初めて，堆肥化やバイオガス生産が恒常的かつ大規模で可能になる．当然のことながら，そこでは技術面のみならず，輸送経費を中心とした経費のスリム化，異なる産業間の密接な連携なくしては成しえず，多くの調整努力と構築完了までの出費が必要になる．この点は，一次産業のみならず，より高次の産業に関しても類似した事柄であるといえる．

　いずれにしても，本書で明らかなように産業の複合システム化が成否の鍵をにぎる．その仕組みづくりには各種規制，基準の見直しのみならず，産業の複合システム化構築にかかる予算支出に対する一般市民の理解，さらには循環型社会への意識向上も必要であろう．

平成23年6月

高橋是太郎

索　引

〈あ行〉

アオサ　165, 167
　――コンポスト　172
赤潮　165, 180
　――プランクトン　181
アスコン　131
アスファルトコンクリート　131
アブラソコムツ　89
亜臨海水熱処理　5
アンセリン　98
アンドンクラゲ　147
イカゴロ　10, 185
イカ墨　99
一次発酵　29
一般成分　170
遺伝子発現マーカー　146
イトマキヒトデ　160, 162
稲わら　25
イニシャルコスト　43
医薬品　26
ウロ　11, 16, 17, 185
ウロコ　13
液肥　32, 42, 109
　――化　161
エコサイクル　134
エタノール収量　179
エタノール生産技術　62
エタノール生産性　55
エタノール生成　61
エタノール耐性　62
エタノール濃度　53, 61
エタノール発酵　32, 34, 60
エタノール量　56
エチゼンクラゲ　14, 141, 142, 143, 144, 150,
　　151, 152, 153
エネルギーコミュニティー　178
エネルギーシステム　73

エネルギー利用　24, 32
エラスチン　103
汚泥　214
　――転換率　216
　――の減容　216
　――分解技術　217
　――の有効利用　207
オワンクラゲ　145

〈か行〉

カーボンニュートラル　45
カーボンフットプリント　211
貝殻　6, 7, 17
海藻肥料　172
海洋汚染防止法　9
カキ殻　8
家禽飼料　176
角質層ターンオーバー促進効果　202
加工残滓　100
ガス化　34, 35
　――処理　32
カスケード利用　23
カタボライトリプレッション　54, 55
　――非感受性　60
家畜排泄物　39
家畜糞尿　38, 46, 47
　――問題　40
カツオノエボシ　147
活性汚泥処理　213
カドミウム　10, 160, 185
　――イオン　188
　――吸着速度　190, 191, 193
　――除去　186
　――除去効率　193
　――除去速度　189, 191
　――脱着　187
　――濃度　191

ガニアシ　14, 105
加熱ゲル　85
かまぼこ形成能　83
可溶化技術　217
可溶化処理　110
可溶化法　217
カルサイト型　135
カルシウム剤　201
カロテノイド　175
皮　12, 98
環境教育　209
環境対策　206
環境への負荷　210
環境保全　205
ガングリオシド　162
乾燥アオサ　171
季節変動　49, 170
機能性　202
　——食品　26
　——複合材料　123
キヒトデ　159
キモトリプシンインヒビター　152
吸着剤　192
吸着サイト　192
牛糞　29, 31, 106
競争吸着法　186, 188
漁業系廃棄物　3
漁礁　7
魚腸骨　13
　——の有効利用　207
魚油　100
魚鱗　99, 200
魚類飼料　173
キレート樹脂　188
　——添加量　194
　——濃度　191
クニウムチン　148
クラゲ　145
　——類　141
グリーン・スラッジ・エネルギー技術　219
グリーンタイド　167, 169
蛍光タンパク質　145

茎葉　25, 27
ケーソン蓋　131
化粧品　26
下水汚泥　48
下水処理場　215
ゲル化　91
ゲル強度　93
ゲル曲線　90
ゲル形成　82
　——能　83
建設資材　215
抗菌効果　127
抗菌性　126
抗菌物質　136
抗酸化物質　180
抗ストレス効果　203
酵素活性　57
酵素分解　54
酵母　55
骨粗鬆症　202, 204
　——マーカー　204
コラーゲン　13, 97, 150, 201
コラゲタイト　99, 200
コルチゾール　203
ゴロ　16, 17
混獲　81
コンクリート　127
混合培地　57
混合発酵　48
コンドロイチン硫酸　97
コンブ残渣　109
コンポスト　71
　——化　171

〈さ行〉

再生水　220
　——利用　221
再生利用　5, 10
最大吸着量　194
再利用　67
サイレージ化　27
サケ　97

雑魚　14, 82, 85, 94
雑海藻　14, 105
殺藻効果　152
雑用水　221
サバ缶詰のカーボンフットプリント　209
サプライチェーン　68
サポニン　159
晒肉　85
産業共生　206
残渣　67
酸処理　187
GE技術　219
シーレタス　169
シェルコンクリート　128, 130
シェルサンド　128
資源化技術　196
自己消化率　216, 217
資材系廃棄物　3, 15
実証試験　195
実証モデル　195
刺胞独　146
集合廃水・中水処理施設　208
収集　36
循環サイクル　117
循環システム　109
循環利用　158
消化液　108
焼却　76
　──処分　37
蒸煮廃液　210
焼成　126
　──カルシウム　75
消費率　113
食品廃棄物　65, 69, 71, 72
食品リサイクル法　70
食品利用　176
植物発酵技術　174
食用魚鱗粉　200
食用クラゲ　142
処理温度　192
処理時間　190
処理法　15

しらこ　12, 97
飼料　27, 172
餌料　143
　──化　72
　──効果　173
　──添加率　176
人口石材　136
水産加工会社　199
水産加工場　206
水産加工団地建設　208
水産資源の有効利用　200
水産廃棄物　3, 6
スカム　16
ストレスマーカー　204
スラッジ・ゼロ・ディスチャージ技術　219
すり身原料　89
生体修復ホルモン　203
成長抑制効果　174
生物系廃棄物　3
石灰岩　121
ZD技術　219
セメント　127
セレブロシド　162
鮮度不良残滓の有効利用　207
藻体回収量　168

〈た行〉

堆肥　25, 29, 159, 161
　──温度　30
　──化　4, 28, 106
　──ペレット　31
大量繁茂　168
多獲性回遊魚　88
多価不飽和脂肪酸　149
多段階利用　23
脱硫　43
食べ残し　68, 72
炭化処理　33
炭酸カルシウム　123
チーズホエー　51, 52, 53
畜産飼料　175
地産地消　159, 161

窒素負荷量 38
チップ 35
中温発酵 30
中温メタン発酵 32
調理くず 72
釣餌 143
電気透析 5
テンサイシックジュース 51
糖化 36
投棄 81
　——量 74
糖蜜 54
　——培地 56
土壌改良材 144
土壌改良剤 159
トランスグルタミナーゼ 85

〈な行〉

生ゴミ 44, 48, 71
肉骨粉 37
二次発酵 29
二段加熱 85
　——ゲル 85
ニッポンヒトデ 160
乳牛糞尿 47
熱分解ガス 33
熱利用 45
燃料化 28
農作物残渣 23, 24, 33, 36
濃縮ホエー 53

〈は行〉

バーク 106
廃液 209
バイオエタノール 51, 179
バイオガス 47, 110, 178
　——化 18, 219
　——発酵 208
　——プラント 41, 43, 44, 46
バイオディーゼル油 73
バイオマス資源 23
バイオマスネットワーク 113, 114, 116

廃棄物 207
　——処理技術 4
　——処理法 10
　——調査 205
排出状況 71
排水再利用 221, 222
排水処理 205, 213
　——水 223
排水利用水再生技術 223
廃掃法 9, 70
ハイドロキシアパタイト 200, 201
葉先 105
発酵経過 61
発酵残渣 115
発酵試験 60
発酵槽 46
発電 45
バテライト型 135
ハブクラゲ 147, 148
バラムツ 89
PP樹脂 125, 126
微細藻類 15, 17, 165
ビゼンクラゲ 141, 142
ヒトデ 157
　——駆除 158
　——駆除事業 157
　——サポニン 160
肥料 28, 159, 171
　——化 109
　——取り締まり法 40
封蔵品 199
フードチェーン 65, 66, 68
不可食部 200
副資材 18
賦存量 169
付着物 7, 12
プラスチック製品 124
プラセンタ 98
フロス 16, 206
プロテアーゼ 86
　——インヒビター 153
糞尿処理 38

糞尿排泄量　37
平衡吸着量　194
平準化　116
ホエー　52
　——パウダー培地　56
圃場還元　41, 48
ホタテガイ　11
ホタテ貝殻　119
ホテイアオイ　165, 179

〈ま行〉

膜分離活性汚泥法　218
マテリアル利用　28
マリンサイロ　175
慢性腰痛　204
ミズクラゲ　141, 142, 143, 144, 153
水の有効利用　207
ムチン　144, 147
メタノール合成　34, 35
メタンガス　18
メタン菌群　42
メタン濃度　47
メタン発酵　4, 18, 31, 32, 41, 42, 107, 108, 110,
　　　177, 178, 215
モミガラ　25

〈や行〉

屋根掛け堆肥盤　40
有機栽培　30
有毒藍藻　180
輸送費　44
養鶏飼料　74
容積低減　5
余剰汚泥　206, 214, 215, 218

〈ら行〉

ラクトース　52
　——資化性　55
　——量　53
卵巣　13
ランニングコスト　43
リキッドフィーディング　27

リサイクル　9, 67
　——コスト　70
　——製品　134
　——センター　107
　——促進施設　158
　——チェーン　69, 76
　——率　69, 73
粒度　129
利用法　24
緑藻類　167
レクチン　151
レポーター遺伝子　146
ローカルエネルギー　177
ろ材　136

〈わ行〉

ワックス　87
　——エステル　87

〈アルファベット〉

BDF　73
CODcr　112
DHA　11, 149
DNA　12
EPA　11, 149, 162
GFP　145
LISA　39
NPK　39

農・水産資源の有効利用とゼロエミッション

2011 年 9 月 30 日　初版発行

定価はカバーに表示

編　者　　坂口守彦・髙橋是太郎©

発行者　　片岡一成

発行所　　株式会社 恒星社厚生閣
〒 160-0008　東京都新宿区三栄町 8
Tel　03-3359-7371　Fax　03-3359-7375
http://www.kouseisha.com/

印刷・製本：シナノ

ISBN978-4-7699-1262-0　C3062

JCOPY　＜(社)出版者著作権管理機構　委託出版物＞
本書の無断複写は著作権上での例外を除き禁じられています。複写される場合は，その都度事前に，(社)出版社著作権管理機構（電話 03-3513-6969，FAX03-3513-6979，e-maili:info@jcopy.or.jp）の許諾を得て下さい。

好評発売中

水産利用化学の基礎

渡部終五 編
B5判/224頁/定価3,990円

魚貝肉の健康機能が注目される．本書は，魚貝肉の特性，利用技術，そして衛生管理，安全性など遺伝子組み換え技術も含め，基礎から最新情報までをわかりやすくまとめた．食品関係の企業，大学等など研究者，技術者，食品衛生管理者，学生必携のテキスト．

水産学シリーズ142巻
水産機能性脂質
―給源・機能・利用―

高橋是太郎 編
A5判/182頁/定価3,045円

水産脂質の健康性機能を象徴するDHA，EPA．本書は，近年著しく進展する高度不飽和脂質の研究情報を集約．食物連鎖における水産脂質の動態，分析法，新たな機能や利用法方途に関して編者ほか，矢澤一良，福永健治氏他が論述．

食品産業における
排水・汚泥低減化技術の未来を拓く

食品産業環境保全技術研究組合 編
A5判/376頁/定価6,090円

食品産業においても廃棄物減量化は緊急課題であるが，本書では，学識経験者および企業の第一線研究者による研究成果をまとめ，エコシステムの制御による高度排水処理技術の開発を目指す．油脂のメタン化技術の開発，畜産における排水・汚泥の低減化など．

―食品産業における―
副産物等の未利用資源の有効利用技術を探る

食品産業環境保全技術研究組合 編
A5判/408頁/定価6,300円

食品産業の製造段階における未利用資源の再利用技術の確立を目指し，農水省の指導・助成のもと，食品製造・機械メーカーなど幅広い異業種の技術力と，学識経験者の指導を得，未利用食品素材からの調味料化などの生産技術や環境負荷低減加工技術を紹介．

水産物の安全性
―生鮮食品から加工食品まで―

牧之段保夫・坂口守彦 編
A5判/252頁/定価3,625円

日本人は動物性タンパク質の40％を水産物に依存している．この水産物の安全性確保のために，生鮮魚介類から加工食品まで安全性を脅かす危害因子としての微生物，魚介毒，寄生虫，環境汚染物質，混入異物の衛生対策と水産加工現場における対処方法を検討．

価格は消費税5％を含む

恒星社厚生閣